孩子们看得懂的科学经典

物种起源

③

达尔文的证据

张 楠 编著

梁红卫 绘

北京理工大学出版社
BEIJING INSTITUTE OF TECHNOLOGY PRESS

前言

亲爱的小读者，欢迎来到达尔文的世界。我们将一起走进一百多年前出版的《物种起源》，探索"进化"的奥秘！

在阅读本书之前，不妨思考一下：为什么我们长得像爸爸或妈妈？

你心中有答案了吗？达尔文告诉我们：父母会将身上的性状传给子女，这就是遗传。中国有句老话叫作"龙生龙，凤生凤，老鼠的儿子会打洞"，还有"种瓜得瓜，种豆得豆"来形容遗传。

那么，你在生活中见过双胞胎吗？他们的脸几乎一模一样，我们很难一下子指出谁大谁小。可是，他们之间一定存在细微的差异！可能是一个人脸上有痣而另一个人没有，也可能是一个人高一些而另一个人矮一些。这是因为世界上没有两片完全相同的树叶，更没有两个完全相同的人！大自然中的生物都如此，达尔文称这种现象为个体变异。

如此一来，我们便知道了：为什么一只猫生下的同一窝小猫，也没有长得完全一样的。

是不是很神奇？达尔文在《物种起源》里提到的可不止这些，他还在书中探讨了"我们是从哪里来""变异的鸽子""新物种是怎样产生的""大自然是怎样选择生物的"等一系列有趣的问题。我们也将用三册书的内容，逐个破解达尔文的这些问题。

在第一卷"物种的诞生"中，我们会了解达尔文在《物种起源》中所持的核心论点。达尔文告诉我们"自然选择"和"人工选择"是什么，并表明自然选择源于生物间存在生存斗争，继而否定了"造物主"的存在：所有生物都有共同的祖先，经过亿万年的演化，才有了如今各种各样的生物。我们也会在这一卷结识沉迷养鸽的达尔文、被淘汰的黑色羔羊、秃头的鸟、生命树……

一个全新理论的诞生，必定会伴随着诸多争议，第二卷便是达尔文站在质疑者角度提出疑问，说别人的话，让别人无话可说！诸如不会飞的鸟、鼹鼠的眼睛、被取代的丘陵绵羊、北美洲的水貂、消失的本能、眼睛的进化、蜜蜂筑巢……其中达尔文对眼睛的研究尤其痴迷，连他自己都感叹："如果说构造如此精巧的眼睛也是通过自然选择得来的，这种想法还真让人难以置信！"

第三卷是达尔文拿出证据证明他的理论，分别是地质古生物学证据、生物地理学证据、生物的分类、胚胎学、形态学、残迹器官证据等。

本套图书的一、二、三卷分别对应《物种起源》的前五章、六至九章、十至十五章这三个部分，还搭配了大量合适且生动的插图，让我们可以更充分理解大自然的神奇之处。

达尔文花了二十多年写成《物种起源》，书中先讲什么，后讲什么，他都做了精心的安排，我们在跟随达尔文的思路探索物种起源的同时，也将懂得如何向他人表达自己的观点、如何换位思考和如何说服他人。《物种起源》中不仅记录了大量有趣的知识，也富有智慧、充满哲理，将会成为我们未来人生道路上不可多得的宝贵财富！

就是现在,出发吧！让我们勇往直前，开始一场前所未有的奇妙旅程，一起探索"进化"的奥秘，朝着美好而精彩的未来出发！

目录

翻开这一页,
从精彩的生物
故事中收集
达尔文的证据!

漫长的生物进化史

地质时代是指地球上不同时期的岩石和地层在形成过程中的时间和顺序。其中的时间是指各个地质事件从发生到现在的年龄，顺序是指各个地质事件发生的先后顺序，只有将二者结合起来，人类才能对地球生物的演化有一个大概认识。

对于如何划分地质年代和如何完善地质记录上的空白，最重要的依据就是岩石中的生物化石，它是揭开生物进化谜团的一把钥匙，也是支撑达尔文进化论的重要证据。

地球的过去

当我们回忆过去做过的某件事时，会说这件事是在某年某月某日发生的，可对于已经有约 46 亿年历史的地球，我们又该如何定义过去的不同历史时期呢？

如同我们人类常说的年、月、日、时等时间单位一样，地质学家和考古学家也划分出宙、代、纪等单位来表达地质时代的时间。

首先，地质学家依据地层年龄，将地质时代划分为两个大单元，时间单位是"宙"。地球有 46 亿岁"高龄"，前 40 亿年很少有生物存在，地层中几乎也没有古生物化石，这一地质

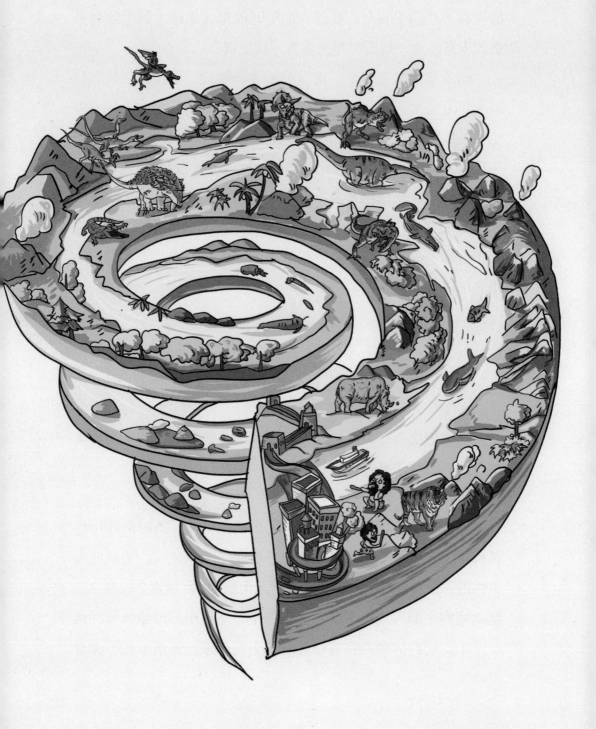

时期称为"隐生宙";在近6亿年时间里,地球上的生物种类更加丰富,这一地质时期被称为"显生宙"。

地质学家又把2个"宙"分为5个阶段,单位是"代"。隐生宙分为太古代和元古代,显生宙从老到新分为古生代、中生代、新生代。从"隐生宙"到"显生宙",从"太古代"到"新生代",地球上新生物不断取代旧生物,物种变得越来越丰富。

地质学家又依据各种生物出现的先后,将5个"代"继续划分为12个"纪"。在三叠纪时期,庞大的动物群体恐龙出现在了地球上。在离我们的时代最近的第四纪时期,人类的原始祖先出现了。

生物大灭绝事件

地球历史上还发生过5次规模较大、较为惨烈的生物大灭绝事件,使地球上的诸多生命陨灭。

第一次 志留纪大灭绝

该事件发生在距今约5亿年的奥陶纪晚期。当时海洋中的苔藓虫、三叶虫等无脊椎动物几乎遭受了灭顶之灾。造成此次事件的原因可能是古大陆移动并侵入南极地区,导致全球变冷,继而使海平面大规模下降。幸运的是,海洋中的原始鱼类存活了下来,它们的种类在灾难过后也丰富起来,逐渐取代了无脊椎动物。

地质年代简表

宙	代	纪	距今大约年限	主要生物演化
显生宙	新生代	第四纪	250 万年	初期出现了人类的祖先如北京猿人
		第三纪	6500 万年	哺乳动物繁盛，空中出现了蝙蝠，海洋里出现了鲸
	中生代	白垩纪	1.37 亿年	爬行动物繁盛，主要是恐龙。哺乳类和鸟类开始出现
		侏罗纪	1.95 亿年	
		三叠纪	2.3 亿年	
	古生代	二叠纪	2.85 亿年	生物界繁盛，主要以海中的无脊椎动物为主，而脊椎动物中的鱼和两栖动物出现了
		石炭纪	3.5 亿年	
		泥盆纪	4 亿年	
		志留纪	4.4 亿年	
		奥陶纪	5 亿年	
		寒武纪	5.7 亿年	
隐生宙	元古	震旦纪	24 亿年	藻类和细菌繁盛，晚期出现无脊椎动物
	太古	一	45 亿年	地壳运动剧烈，形成最早的陆地基础。晚期出现了菌类和低等藻类，由于火山岩浆活动频繁，留存下来的化石记录很少

第二次　泥盆纪大灭绝

该事件发生在距今约 3.65 亿年的泥盆纪末期。这次灾难导致浅海处的珊瑚全部灭绝，海洋中 90% 的浮游生物死亡，部分鱼类也受到了严重影响。这次灾难发生的原因可能与岩浆喷发、海平面下降或是遭受天体撞击有关。

第三次　二叠纪大灭绝

该事件发生在距今约 2.5 亿年的二叠纪末期。此次大灭绝事件是被人们公认的，地球历史上最大、最严重的灭绝事件，它使 95% 的海洋生物和 75% 陆地生物消失了。其发生的原因可能是大陆板块漂移，压缩了生物的生存空间，导致了气候的急剧变化、使沙漠范围扩大，引起火山喷发等。

第四次　三叠纪大灭绝事件

该事件发生在三叠纪末期和侏罗纪的开端，距今约 1.85 亿年。在此次事件中，海洋和陆地上的一部分生物受到影响。海洋中的牙形石类生物全部灭绝，陆地上许多大型两栖动物也都死去，为之后的恐龙腾出了生态位。造成此次灾难的原因可能与当时大规模的火山活动有关。

第五次　白垩纪大灭绝

该事件发生在距今约 6500 万年的白垩纪末期，也被称为"恐龙大灭绝事件"，导致当时在地球上存活了 1.6 亿年的恐龙家族彻底覆灭。而哺乳动物和鸟类得以幸

存，成为新生代时期地球的主导者。导致此次大灭绝事件的原因始终是一个谜，专家们猜测，可能和小行星撞击地球密切相关。

恐龙还能再出现吗？

　　白垩纪末期，突然在地球上消失了的恐龙，它们的遗体、遗迹和许多地球过去的生物一样，都被记录在了化石之中。即使有一天，地球上再次像恐龙一样的生物，那也不会是曾经的恐龙，很有可能是像恐龙的一个新物种。所以，一个物种在彻底灭绝之后便不会再出现了。

请达尔文来解答难题

在《进化中的谜团》一书中，我们说过有人对达尔文的进化论提出了异议：如果进化论所述正确即所有的生物都是通过变异，再经自然选择不断进化形成的，地球上所有的生物都可能是由最初几个古老的生物进化来的，那么为什么物种与物种之间的界限如此分明，很难发现一个物种向另一个物种发展的中间类型呢？

达尔文给出了解释，因为某些物种后代的变种数量本就比本属的亲种少，在进化过程中更容易遭受打击，最终灭绝。另外，在进化过程中，由于自然选择，新物种形成后便会取代原有物种，从而导致原有物种大量死亡。

既然大量物种灭绝了，这也就意味着在此之前，大量中间变种死去了。可是为什么地层中并没有大量中间变种的踪迹呢？达尔文说，这是由于地质记录不完整造成的。

造成地质记录不完整的原因又是什么呢？一连串的难题摆在达尔文面前，如果不把这些问题逐一解释清楚，他的进化论就会因为缺乏论据而难以服众。

岩石中的秘密

从古至今，世界上各个国家和地区的地质学家几乎都在不

009

遇到沉积物，最后可能形成化石。

没有沉积物，最后连骨头都不剩。

遗余力地探索和挖掘埋藏在地层中的古生物化石。他们这样做的目的是什么？化石又有什么作用？

化石可以被视为能解开地球生命进化谜团的一把珍贵的钥匙。

自地球有生命以来，生物一直都在经历着由简单到复杂、由低等到高等的进化，而在新物种淘汰老物种的过程中，必然会有大量生物死亡。

在不同年代中逝去的古老生物遗体，也有许多被保存在岩石中，形成了化石，隐藏在不同的地层中。考古学家们正是研究了古生物化石后，才推断出古生物的模样，了解古生物的生

存环境，从而摸索出生物从古至今的变化规律。

如果考古学家们能够找到足够多的化石，也就更有可能揭开生物进化之谜。但这正是难点中的难点，也是使地质记录不完整的重要因素。

截至目前，古生物化石还如此缺乏，而人力所能挖掘到的化石数量又何其有限！

找到化石真不容易

化石承载着众多生物的生命信息，也是填补地质记录空白部分的关键。我们曾以恐龙化石的形成过程为例，介绍了化石的形成需要很多复杂条件，不是所有的生物遗体最终都能形成化石的。

缺乏骨骼、贝壳构造的软体动物，不能形成化石。

另外，不是所有岩层厚的地方都能有化石。达尔文曾在西西里岛上发现了许多厚厚的沉积岩，这些岩石层是很久以前堆积而成的，可里面几乎找不到生物遗骸。另外，考古学家们专门对维也纳到瑞士之间的一段长达 300 英里（约 482.80 千米）、平均厚度为上千英尺（1 英尺约等于 0.30 米）的岩石层进行了考察，最后除了找到一些植物遗迹外，没找到发现其他化石。

岩石的分布范围这么大，而岩石层又这么厚，为什么其中没有一点化石呢？

其实，古生物死后成为化石的概率非常低，且需要具备很多必要条件。另外，动植物的遗迹或遗体埋藏在江河湖海的丰富沉积物中，只有这类沉积物经过搬运、沉积和成岩作用形成的沉积岩，里面才可能存有化石。

知识链接：化石的分类

（1）实体化石：生物身体的全部或者某一部分保存下来形成的化石，如动物的骨骼、牙齿、贝壳，植物的根、茎、叶、果实等。

（2）模铸化石：古生物遗体在岩石圈中留下的印迹等形成的化石。

（3）遗迹化石：古生物留下的生存遗迹，如动物的足迹、粪便、洞穴、移动时留下的痕迹等形成的化石。

（4）化学化石：古生物的遗体虽然没能被保存下来，但是遗体被分解后形成的有机物残留在岩层中，也成为判定古生物存在过的依据。

当地壳运动发生时，少数埋藏在地下的岩石有机会被抬升，直至露出地表。之后，在地表上常年经受风力侵蚀和流水冲蚀后，大多数岩石又会恢复"原形"——成了细碎的沉积物。在这个过程中，被包裹在岩石里的化石会逐渐显露出来，如果幸运，人们会找到相对完整的生物化石，而那些没被发现的生物化石，就只能继续经受着风雨的侵蚀，最后变成细碎的沙砾。

岩石里的时间

　　有人提出疑问，如果按达尔文所说的，地球上的生物进化得非常缓慢，那地球有足够长的时间让它们完成如此大规模的演化吗？

　　单纯凭想象，我们很难体会时间的概念，也没有一个公式能计算出过去的时间有多么久远。下面，让我们跟着达尔文的脚步去体验时间洪流的强大力量吧！

感受流逝的时间

查尔斯·莱尔是 19 世纪英国著名地质学家，他毕生都在从事辛苦的地质研究工作，为地质学发展史做出了卓越贡献，被誉为"地质学鼻祖"。其伟大著作《地质学原理》一经出版就引起了轰动。在书中，他提出了"地球从古至今的变化都是一样的，地质作用的过程是缓慢渐进发生的。现在是了解过去的一把钥匙"的观点。这一观点也被后人称为"均变论"。

读过《地质学原理》或者其他地质学著作的学者们也许已经认识到，只有搞清楚导致地质作用发生的多项动力，了解地下沉积物堆积的深厚程度，地面又被侵蚀得多么严重！才会感叹，过去的时间是多么久远了。正如查尔斯·莱尔所言"某个地区沉积物的深厚程度，也就是另一地区地面被侵蚀的程度"。

　　时间无声无息，我们看不见也摸不着，但是它划过的痕迹随处可见，成为存在过的证据。达尔文说恐怕只有那些长年累月去考察大量相重叠的岩层、去观看大海是怎么样一点点侵蚀掉老的岩石，使之变成新的沉积物，才有可能对逝去的时间有清晰的认知。

沿着海岸散步

我们跟随达尔文的脚步，沿着海岸逛一逛，中途可能会发现海岸被海水侵蚀的痕迹。通常情况下海浪每天会有两次机会"光顾"海岸旁的悬崖，都是在涨潮的时候，且停留时间很短暂。

另外，干净无沙的海水对岩石的剥蚀作用是极其微小的，起主要侵蚀的是夹带着砂砾的汹涌海浪。

海浪不辞疲倦地重复击打岸边的悬崖，直到海岸悬崖的底部逐渐被海浪"掏空"，上面的石块受重力作用纷纷掉落，堆积在岸边，继续等待涨潮时海水一次又一次的侵蚀。不知这样过了多少万年，堆积在海边的巨型石块被海水侵蚀得越来越小，而海浪的强大力量又将其来回冲转，从而逐渐被打磨成了光滑的鹅卵石或者更加细小的沙砾。

我们还能在海岸边还能看到一些曾经遭受过海水打磨的浑圆巨石，上面已经遍布苔藓或是成了其他海洋生物的寄居场所，说明这些石头后来已经很少被海水侵蚀了。

眺望整个海岸，我们观察到的被海水侵蚀的悬崖其实只是整个海岸悬崖中很小的一部分，而其余的海岸悬崖的地表上长满了植被，证明它们已经许久未与海浪接触。看到这些巨石，再看看海边海水中的细小沙砾，不禁感叹，它们到底经过多么久远的时间才能从一块块巨石变成一粒粒沙子啊。

达尔文曾在科迪勒拉山上发现一块厚度约 10000 英尺（3048米）的砾岩。砾岩是由小小的圆形鹅卵石构成的，每块鹅卵石都是经过漫长的时间才形成的，那么形成这样高大宽厚的砾岩可得经过多少时间啊！

凶猛的风

海岸悬崖所遭受的海浪侵蚀作用的效果如此明显，竟能将巨石磨成沙砾！然而，陆地上的岩石比海岸边的悬崖承受着更加强烈的侵蚀作用——风力侵蚀。要知道，整个大陆都暴露在空气当中，而且时常经受酸雨的冲刷。

地表的岩石经过风化作用后会变成碎屑，雨水会将堆积在斜坡上的碎屑冲刷到低洼的河流中。下大雨时我们会发现，混合着泥沙的混浊水流都会顺着斜坡流向坑洼地带。在干燥的地区，狂风还会把地面上的碎屑卷走，并转移到其他地方。

来自四面八方的大量碎屑被风或者雨水带入无数条溪流，紧接着再随着湍急的溪流流入大河。在这一过程中，河床因有大量泥沙汇入而被抬高，并且把淤积的碎屑打磨得更细，从而形成沉积物。最终，大河汇入海洋，而河水将一部分沉积物带入海洋，便使海洋中有了沉积物。

风看似无影无踪，其实无时无刻不在改变着地表岩石的面貌。

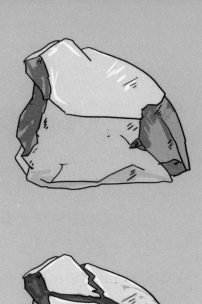

化石标本真缺乏

　　化石的形成过程很复杂，保存下来不容易，被人类发现更难！达尔文建议大家多到各地的地质博物馆去瞧一瞧，就算是藏品最丰富的博物馆，里面收藏的化石标本也是少得可怜。

　　众所周知，即使在今天，生物学家们能够收集到的古生物化石标本数量仍旧十分有限，很多化石物种的名称都是用发现地出土的几个化石标本或是单个甚至是破损的化石标本来命名的。

　　地球的面积那么大，人类也只是在其中一小部分上进行了地质勘查。尽管世界各地每年都会有关于化石的许多新发现，但这似乎是一条没有尽头的探索之路！

考古勘探

形成化石很难

达尔文说，生物的遗体若要变成化石并被保留在岩层中，真的太难了。

比如，柔软如骨的生物几乎难形成化石；浅海区域，总是被海潮冲刷，因此生活在浅海的生物也很难保存下来形成化石；海底肯定沉积了大量海洋的动物尸体，可要是没有足够的沉积物及时将其将掩埋起来，尸体很快也就腐烂了；而埋藏在岩石中的生物化石虽然有机会露出地表，但也容易被酸雨侵蚀。

另外，形成化石最重要的条件就是要有沉积物！

某地区只有拥有足够厚且坚实的沉积物堆积，才能在地层上升的过程中尽可能多地保护化石免遭流水侵蚀和地表风化。

浅海中的生物比深海中的生物数量多得多，假设某一地区

由于地壳运动，海底不断下沉，此时若沉积物的供给及时，就有可能形成一个物种种类十分丰富的化石地层。就算此区域被抬升，最后成为陆地，只要沉积物足够厚，也依然可以抵抗地表的强烈侵蚀。

地层之间的沉积间断

填补地质记录的过程就像在玩拼图游戏，而化石就像是其中的一块块拼图卡片，想要"拼凑"出完整的地质记录是十分困难的，因为人们能够发现的化石数量有限；还有一个更重要的原因是，各个地层之间有沉积间断，也就是各地层之间的沉积物不是连续的，也造成地质记录存在许多空白。

造成沉积间断的原因是什么呢？

裸露在地表的岩石长时间经受风雨的侵蚀，便会逐渐形成沙砾和泥土，这些物质在风力和流水的搬运下堆积起来，再经过沉积或固结作用形成岩石。

地面上的沉积物多半是受风力和冰川搬运形成的，如沙漠的沙丘和冰川区的冰碛（qì）石等。江河湖海都是低洼的，其中的沉积物多半来源于陆地。如果在一定时期内某一地区降水量很大，陆地上的泥沙便会随着雨水汇入江河湖泊，也就成了江河湖泊中的沉积物。紧接着，泥沙随着河流最终汇入海洋，形成海洋中的沉积物。

然而，这些都是季节性的，如果在一定时期内没有足够的

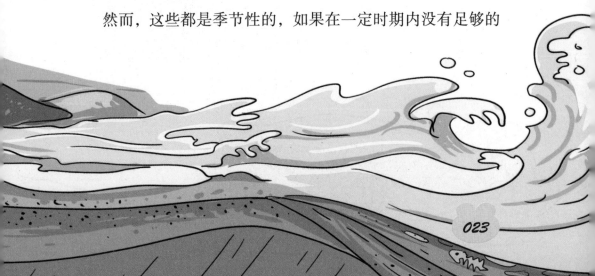

雨水补给，海洋中就会缺少沉积物。因此，就算海洋中每天都会产生数量难以估计的生物尸体，在缺少沉积物的情况下，也难以形成化石，更何况，形成化石的条件又那么复杂、苛刻！

"证据"被海浪吞噬

达尔文曾经满世界翻找各地区的岩石，希望能从中找到更多化石，进而找出更多生物的过渡类型，也为自己的进化论学说尽量多提供证据。

他到了南美洲的一个海岸边进行考察，这里的海岸长度达数百英里，且高出海面好几百米，海浪滔天。如此广阔的海域，从过去到现在，肯定有不少海洋生物的遗迹和大量沉积物。然

而，他却没能找到近代的沉积物，更没有发现海洋生物的化石。

达尔文沿着绵长的海岸行走，倾听海浪拍打礁石的声音，伴随着石块滚落海中发出的巨响，他明白了这里的沉积物和化石消失的原因：在漫长的地质历史时期里，难免会发生几次大规模的地质运动，海岸附近的沉积岩石极有可能因此而露出地表，并夜以继日地被海浪冲刷和侵蚀。逐渐地，这些海边的沉积物连同包裹在里面的化石被一点点消磨掉了。

达尔文没有发现沉积物和化石的踪迹，是因为在他没有到来之前，这个地区的沉积物已经被海水侵蚀殆尽了。

地层中很难发现
大量过渡变种

找到可以证明两个物种间存在联系的过渡类型的生物化石，是支撑达尔文进化论的有力证据。可我们知道能够找到的过渡变种的化石少之又少，地质记录很不完整。

在同一套地层中的不同部分，生物学家有时可以找到一个物种和好几个变种，比如有位古生物学家曾在瑞士的一套淡水地层中发现了一种卷螺的十个变种。

为什么古生物学家能够在地层中发现许多有

近缘关系物种的化石，却很难找到与它们关系密切、能够证明它们亲缘关系的递进变种呢？达尔文又要站出来解释了！

无法比较哪个用时更长

一个地层需要极其漫长的时间才能形成，可相对于一个物种完全进化为另一个物种所花费的时间来说，它可能还是稍微短了一点。比如，我们在一个古老地层中发现了比地层"年轻"的生物化石，难道就能认为这套地层比这个物种存在的时间更加久远吗？也许这个物种早已经在别处出现过了，只是没有留下化石，或者人们还有没有发现关于它的更早期的化石。毕竟与整个欧洲比起来，一套地层的面积如此狭小，而整个欧洲与地球上所有的陆地比起来，又是多么渺小！

在地球极长的历史进程中，由于气候和其他因素的变化，曾导致地球上出现多次大灾难！每当灾难来临前，大量海洋动物会纷纷逃亡。考古学家们曾在北美洲的古老地层中发现了比在欧洲地层中出现得更早的几种古生物化石，这说明当时有大量生物顺着洋流从北美海洋迁徙到了欧洲海洋。所以，如果一个物种四处迁徙，其进化过程没有在同一个区域内完成，又怎么会在同一个地层中发现它的大量中间递进类型呢？

很难保持平衡

达尔文说，让一套地层的上下各层间都保存着一个物种向另一物种进化的全部过渡递进类型的化石，那么该地层肯定要不断地累积，时间跨度就要大到能将该物种的进化过程全部包含在内。这样一

来，该地层就不得不满足两个条件，一是这个地层要足够厚，厚到能把所有物种间的递进类型都包裹进去；二是各个物种必须始终待在同一区域完成变异。可我们都知道，生物的进化过程何其漫长，又怎么敢保证这些生物永远都生活在一个地区而不四处迁徙呢？

另外，想要地层足够厚并且将化石保留在里面，就需要在地面下沉时期有大量的地表沉积物补充到浅海区域，并且供给的沉积物还要和地面下沉量基本保持平衡，这样才能使海水维持在与原来差不多的深度，让原有物种继续在原来的位置生存。

可当下沉运动连续发生时，提供沉积物的地表也会被浸泡在水中，这也就意味着海洋中缺少沉积物的补充，从而造成沉积物的量和地面下沉量之间失衡。这也是有的考古学家在极厚的沉积岩石里几乎找不到生物遗骸的原因。

物种和变种难区分

第一卷"物种的诞生"中介绍过，博物学家们在辨别某个类型是物种还是变种时，并没有确定的规律或者条文可以遵守，往往凭借经验或者少数服从多数得出结论。有些时候，物种和

我是爬行纲家族成员——鳄鱼。

我是爬行纲家族成员——蜥蜴。

我是爬行纲家庭成员——海龟。

我是爬行纲家族成员——变色龙。

变种之间的关系非常模糊，达尔文也说过他觉得物种和变种只是对同一种生物的不同称谓。

博物学家们知道，各物种之间具有差异性，当他们发现两个极具差异的生物，而又找不到二者之间的过渡类型时，往往就会将它们定义为两个物种。这显然非常不利于支持达尔文的进化论。

例如，在一个地层之下发现了物种甲和丙，在更古老的地层之下发现了它们的过渡类型物种乙，在没能发现可以将乙和甲、丙联系起来的递进类型时，人们还是会习惯地把甲看成是第三个物种。

还有一种可能，乙本来就是甲和丙的祖先，只是乙身上没有表现出太多和甲、丙相同的性状，更没有在地层中发现能够证明乙向甲和丙之间递进的众多过渡类型化石，因此无法证明它们的亲缘关系，也就只能将它们视为不同物种。

很多古生物学家在考察古生物化石时，若在同一地层的不同位置中发现有着较小差异的生物化石，就轻率地将其划分为不同的物种。可如果将大量细分出来的物种降为变种，是不是就更有利于达尔文的进化论了呢？

地层中出现了整群的近似物种

　　按照达尔文进化论中的理论，物种是通过自然选择逐渐演变发展的，所有物种最初可能是由一个共同祖先繁衍而来的，而同一物种的共同祖先一定是先于这些变异的后代，存在于距今相当遥远的时期。可是，有些古生物学家却在某个地层中发

现了一整群近似物种的化石，那么达尔文又该如何为自己的学说辩驳呢？

假设同科或者同属的物种全都在某个地层中冒了出来，这不是摆明了要推翻达尔文"物种会不断演变"的理论吗？看看达尔文怎样回应这个要命的质疑吧！

不可忽视的几点因素

达尔文认为，仅凭在某些地层中发现了同属和同科同时出现的情况，就认为物种是同时存在而非物种不断进化的结论非常不合理。

不要忘了，地质记录至今都是不完整的。难道我们没在某个古老的地层中发现同属同科的生物，就可以认为它们不曾在过去那段时期存在过吗？要知道，人类目前调查过的地质层和整个世界的面积相比何等狭小！

还有，很多曾经生活在欧洲和北美洲的生物，它们可能很早就在别的地区繁衍起来了，由于后期发生了气候变化等诸多原因，才陆续迁移到了欧洲和北美洲。

另外，前文也提到过，地层有很长的间断时期，这期间足以使一个物种繁衍很多代，其后代中发生许多变异，形成变种或者新物种。

此后，假设这个物种的庞大种群在某个时期突然遭受了大灾难，且它的后代都被埋葬于某个地层中，一部分幸运地成为化石，最后被古生物学家发现。这对于对地质变迁和地球生物生命发展之谜知之甚少的人类来说，首次看到这么多化石种类时，就有可能认为它们像是被神力集体创造出来的。

过渡类型容易被淘汰

先帮大家回忆一下之前讲过的关于过渡类型很少的一个原因——它们容易被淘汰。

当一个物种适应了生存环境或者当其他条件发生改变时，该物种为了求得生存空间，其自身构造、习性包括生活方式等，均有可能发生变异。

比如某种鼠类起初不会飞，当栖息地奔跑速度较快的天敌多起来，地上的食物减少时，该种鼠类就有可能逐渐会飞。然而，这一过程十分漫长，在连续变异的过程中，许多过渡类型往往能够停留在同一地区。可一旦其中的某些类型成功适应了飞翔，少数会飞的鼠类就会由于比其他未变异或者正在变异的过渡类型更具优势，更能适应环境而迅速繁衍发展起来，并逐渐扩散到世界

上的其他地区，不能适应环境变化的鼠类会逐渐被淘汰。

我们来看看企鹅，它们生活在南极，前肢既像翅膀又像手臂，还很像海中大型鱼类的前肢，这难道不是一个正处于过渡阶段的例子吗？正是因为拥有这样的构造，企鹅才既能够在陆地上生存，又非常擅长在海里游泳并获取食物。

看看如今南极企鹅家族成员的数量是多么庞大，种类是多么繁多，适应南极极端环境的能力是多么强，就知道它们在鸟类的生存斗争中是多么成功了。

对古生物的了解太少

法国著名古生物学家居维叶曾说过，整个第三纪地层中是没有猴类化石存在的。可是后来，古生物学家们在欧洲、南美洲等

许多地区的古老地层中发现了已经灭绝的猴类化石。另外，还有一些古生物学家在美国的一些红砂岩地层中发现了许多类似鸟类足迹的足印化石。如果没有这些发现，谁能想到在数亿年前地球上就有许多像鸟类一样的动物存在过呢？

1861 年，有人在德国的索伦霍芬发现了一块保存在侏罗纪晚期地层中的古生物化石。从其中保留的生物遗迹来看，这个生物具有爬行类和鸟类的双重特征，它有着和鸟类极其相似的羽毛和叉骨，还拥有和许多爬行动物一样的尾椎。大体样子就像一个长尾巴的蜥蜴，长着一对像鸟类一样的翅膀，而且上面还长着两个可以活动的爪子。

起初，古生物学家们根据化石的外形推测这种动物是曾经生活在侏罗纪时期的小型食肉恐龙。可伴随着索伦霍芬附近很多块"小恐龙"化石的陆续出土，该动物的身份越来越明朗，最后被古生物学家更正为是由爬向动物向鸟类过渡的中间类型，也被认为是地球上"最原始的鸟类"——始祖鸟。

始祖鸟的出现再次刷新了人们对远古生物的认知，也说明我们对古生物了解得实在太少。

第一个始祖鸟化石标本公开的时间，正好在达尔文《物种起源》一书出版两年之后，由爬行类向鸟类演化的类型始祖鸟，恰好成为支撑达尔文进化的强有力的证据。

快来比比谁快谁慢

过去，达尔文的进化论总是遭到质疑和抨击，是因为他的学说打破了当时在人们心中地位稳固的"特创论"。特创论的观点是所有生物一旦被创造出来就

固定不变，而进化论则认为，所有生物都是会缓慢进化的。

伴随着地质考察和化石生物学的不断发展，有利的"证据"不断浮出水面，物种起源的真相逐渐向达尔文提出的观点一方靠近。

进化速度不一致

无论是陆地生物还是水中生物，其进化速度都十分缓慢。达尔文表示，从全球的勘探结果来看，古生物学家在某些比较新的地层中（距今仍然十分久远）仅发现少量已经灭绝的物种和为数不多的新物种化石。

对各地层埋藏的化石的考察结果表明，各个物种的消失和出现并不是一起发生的，因为各个物种的演化速度不一样。

古生物学家在第三纪时期的较老地层中发现了大量古生物化石，其中大部分是已经灭绝了的物种，但有少量贝类物种至今还生活在地球上；

在喜马拉雅沉积岩层中，古生物学家还发现了一种现在依旧存在的鳄鱼的化石，还在其周围发现了不少已经灭绝的古老爬行类、哺乳类动物的化石。

大家听说过海豆芽吗？它的样子还真像我们平时吃的豆芽菜，但其实它是一种生活在海洋中的舌形贝，属于腕足类生物。

这种贝最早出现在寒武纪，距今已有5亿年了。古生物学家们将已发现的较早的海豆芽化石与现存的海豆芽进行对比后惊奇地发现，现存的海豆芽看起来与古老的海豆芽没有太大区别，海豆芽的进化速度实在是太缓慢了，而同样出现在寒武纪的甲壳类和其他贝类的面貌已经变得与原来的很不一样了。

古生物学家还根据在不同地层中发掘的生物化石总结出一条生物进化的规律：与海洋生物相比，陆地生物的进化速度更快；与低等生物相比，高等生物的进化速度更快。

与上帝"唱反调"

　　特创论里有许多一成不变的规律，比如所有生物都是在某一特定时期被一种神力集体创造出来的，物种一旦降生样子就固定不变。达尔文的想法恰恰与其唱了"反调"，他认为，物种是不断进化的，只不过进化过程十分缓慢，在一定时期内可能仅有少许物种发生变化，因为每个物种都是独立存在的，不太可能出现部分物种变异就一下子带动全部物种集体变化的情况。

　　而物种是否会发生变异，以及会不会被自然选择连续累积起来形成变种或者新物种，跟许多复杂和临时发生的事件有关，比如：

　　该地区地理、气候环境发生了缓慢变化。出现外来物种侵入。

　　存在该正在变异物种是竞争关系的其他物种的性质。

041

所以，各个物种变异程度有大有小，变异速度也有快有慢的情况是合理的。

另外，从生物间存在的生存斗争关系来看也能理解，如果一个物种不发生些变异来改良自己，很容易被已经变异的优势物种干掉！不变异的下场就是灭亡，所以无论什么生物，迟早都会发生变异。

灭绝的物种不会重现

达尔文说，一个物种在地球上灭绝后，就算得到了和它存在时期一样的生活条件，也不会重现了。这是为什么呢？

假如一个地区物种 A 的后代发生了变异，成为当地的优势物种，并且逐渐排挤掉了物种 B，还能够在物种 B 的生存区域继续生存繁衍。由于物种 A 的后代和物种 B 是完全不同的两种生物，各自遗传了自己祖先的特征，所以它们的变异情况不可能相同。

解释得再明白一点儿，我们知道现今的扇尾鸽是从原种岩鸽种演变而来的一个鸽种，假如扇尾鸽灭绝了，养鸽专家或许通过不懈努力，可以利用原种岩鸽培育出与灭绝的扇尾鸽极其相似的鸽种来。可如果原种岩鸽也灭绝了呢？养鸽专家就无法利用其他鸽种培育出与现今已经灭绝的扇尾鸽一样或者相似的鸽种了，因为其他鸽种几乎必定继承了它们祖先的某些性状。

两种鸽子的祖先就不同，它们的后代又怎么可能长得一样呢？

物种的灭绝

很久以前，欧洲先民们普遍相信地球上的所有生物都是被上帝分批创造出来的，可随着一些已经灭绝的古生物化石的出现，一些人便开始迷惑不解：上帝既然创造了所有生物，为什么还会让一些生物灭绝呢？

18世纪中期，法国古生物学家居维叶提出了"灾变论"的观点，为上帝"辩解"。他认为，地球上曾经发生过多次巨大的灾难性事件，每次都会令许多老生物灭绝，而新生物会被创造出来。一段时间内，人们似乎接受了这种说法。

后来，欧洲逐渐开始流行起一股地质考古热潮，地质学科目也引起了人们的极大关注。伴随着大量古老地层和深埋在古老地层中的古生物化石的出现，一些古生物学家开始对地球生物的产生以及灭绝过程有了更加清醒的认知。

与"灾变论"抗衡的"进化论"

1895年，达尔文的《物种起源》刚一出版就引起轩然大波！在书中，达尔文提出了"生物进化"学说。他认为，地球上的所有生物都是不断发生变化的，具有竞争优势的新物种诞生必然会导致老物种灭绝。这种说法在当时强烈地冲击了"创世论"以及"灾变论"，震惊了当时的学术界和宗教界人士。

人们一时间难以接受"进化论"中的观点，不少人发表言论抨击、讽刺达尔文，更有甚者，把讽刺达尔文进化论的猴子漫画刊登在了报纸上。

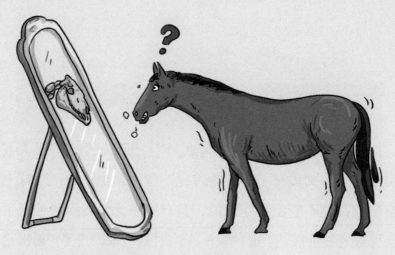

　　正如同新事物会慢慢取代旧事物一样，合理的"解释"也能经得起时间的考验，逐渐被大众接受。

　　关于物种会灭绝的原因，达尔文在《物种起源》中给出了特殊说明。

　　由于物种不断演变的过程中存在生存斗争和自然选择，生物只有发展出有利变异的物种，才最有可能生存下去，但这会导致没有竞争优势的老物种灭绝。

　　无论是单一物种还是成群物种，都是一个接着一个渐渐消亡的，因为它们各自持续的时间不同，自然法则也没有具体规定哪个物种或者哪个属下的物种在什么时间灭绝。这就如同我们在老地层中看到的那样，有些古老生物早就灭绝了，有的古生物至今还存在。能够总结出来的一点是，物种群的灭绝会比它们产生的速度稍慢一点。

　　那么为什么有些物种会成群灭绝呢？

　　在地球漫长的发展史上，难免会有突发性的灾难降临，如地峡的断裂可能导致部分海洋生物遭到外来生物的入侵，整个海岛的下沉也可能导致原有的岛上生物集体灭亡。

灭绝的物种复活了?

物种的灭绝是未知的谜,恐怕没有人比达尔文更想快点解开这个"谜"了。

达尔文在拉普拉塔(南美洲境内)考察期间,惊奇地发现,一堆已经灭绝的乳齿象、大懒兽、剑齿兽的化石中竟然藏有一颗马齿化石。据达尔文所知,西班牙人把马引入南美洲后,它们在当地成为野生马种,并开始迅速繁殖,最后遍布南美洲。当达尔文看到南美洲古老马牙的化石和现在的马的牙齿如此相像时,心中开始有了疑问:既然南美洲地区本身有如此适合马生存繁衍的环境,为什么本土的古老马种会灭绝呢?

很快，英国古生物学家欧文解答了达尔文的疑惑。经过研究比对，欧文表示，地层中发现的马齿化石虽然看起来和现存马的牙齿相似，但它是和现存马种完全不同的另一个种！

导致物种灭绝的因素

生物在演变过程中容易受到很多不利因素的影响，这些因素可能会导致该物种的数量逐渐变得稀少，甚至可能会使该物种

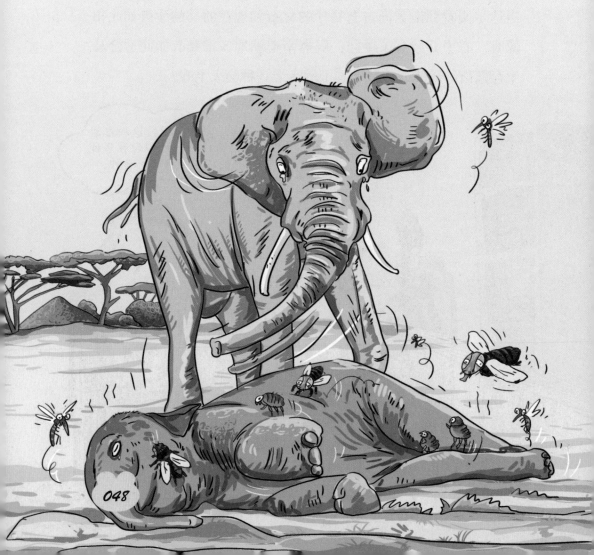

灭绝。可人们往往会忽视这些不利因素，多数人对于恐龙或者乳齿象这种庞大生物的灭绝感到惊

讶，究竟什么样的生物可以成为它们的强敌，还能让这些体格庞大的动物灭绝呢？

欧文教授号称，其中的原因可能就是它们的体格都太庞大了！

在缺少天敌的情况下，这些"大块头"的繁殖能力会增加和扩散速度也会加快，导致种群内的个体数量越来越多，需要的食物量也在急剧增加。久而久之，大自然能提供应给它们的食物越来越少，最终食物紧缺可能导致它们灭绝。

很久以前，非洲地区还没有人类涉足的踪迹，但生活在非洲草原上的古老象种还是灭绝了。古生物学家们猜想，一定发生了什么对它们的生存不利事情，阻止了古老象种的繁衍。

分类学家福尔克纳博士认为，极有可能是当地的昆虫太多，时刻折磨着大象，导致象的数量越来越少。

同样，对于不少生活在南美洲的、体形庞大的兽类，当地的昆虫和吸血蝙蝠掌控着它们的生杀大权。

相似生物"轮番登场"

　　在达尔文不遗余力地研究地球物种演变而进行广泛的地质考察之时，同样热衷于古生物学研究的学者和专家们也在辛苦地探索"地球生命诞生之谜"。他们的考察成果曾带给达尔文重要启示，使进化论的理论得到进一步完善，变得更加有说服力。

"类型演替规律"

达尔文很早就从一些古生物学家那里了解到一些事实：克里夫特曾在澳大利亚的一个山洞里发现了和澳大利亚现存哺乳类动物袋鼠十分相似的哺乳类动物的化石；有古生物学家在南美洲的拉普拉塔河谷地区发现了几片巨大兽甲，连外行人都能看出，这种兽类的外形和现存的犰狳长得十分相似；欧文教授也表示，拉普拉达地区出现的哺乳类动物化石，大部分和南美洲现存的生物有关联；更有学者在巴西（南美洲的国家）的山洞中收集到了大量动物骨骼化石，再次证明了欧文教授的结论是正确的。

达尔文也早就提出过"类型演替规律"的观点，即地球

上同一地区的已灭绝物种和该地区的现存物种相似。

为什么会出现这种现象呢？达尔文的进化论不是强调已经灭绝的物种不会重现了吗？

答疑解惑

同一地区现存的生物和这个地区很久以前就已经灭绝的生物有相似关系，这究竟该怎么解释呢？仔细研究达尔文进化论的观点，这个难题便不攻自破！

根据遗传变异原理，一个属内物种的诸多后代必然会遗传亲本物种身上的一些性状，这些后代之间也就可能具有相似性。于是这就好比一个母亲生了许多孩

子，尽管每个个体会发生不同程度的变异，但这些"兄弟姐妹"之间还是会保留一些相像之处。在后面连续的时间里，这些后代也各自繁衍出许多变异了的后代，有的演变成了变种，或者成为全新的物种，但它们各自都有可能保留着一些与之前那个母亲相似的性状。

这下你明白了吧？所有生物之间都有一点些亲缘关系。时间往前再往前倒退，退回距今相当久远的时代，那时的地球上只有一个或几个物种，它们有可能是后来地球上出现的所有生物的共同祖先。

深刻的总结

根据达尔文进化论的中心思想，我们对前一阶段所了解的内容进行精彩的总结，以便于后面更加清晰地理解生物的演变过程。

第一，根据进化论中所说的遗传变异和自然选择，我们能理解物种是在不断地缓慢地发生着变异，新物种也在这个演化过程中不断产生。因此，不同纲下物种发生变异的时间、速度和变异程度不一定相同。

第二，较为肯定的是，所有物种均会发生不

同程度的变异，老物种终将会被新物种淘汰。

第三，一个物种一旦灭绝后，难以再重现。演化出有利变异的优势物种，往往能繁衍出更多变异的物种来组成亚种群或是新物种群。而处于劣势的物种群，因为在生存斗争中不具备竞争优势，而被自然选择所淘汰，从此在世界上消失。

第四，形成群体的物种灭绝的过程比较缓慢，因为其中容易有少数物种幸免于难而在别处隐忍偷生。可一旦这个成群的物种集体灭绝就不会重现，因为世代亲缘的链条断了。

第五，一个物种的优势变种多、分布范围广，那它的后代就有可能遍布全世界。因为这些后代具有的优势，能使它们在生存斗争中消灭劣势物种，侵占更多地盘。

第六，因为会发生性状分歧，所以我们现在看到的生物和它们的祖先的外观差异非常大，甚至完全不一样了。

物种单一起源论

在几乎一样的气候条件下，不同的大陆上生存着的生物类型极为不同。达尔文解释说，这是因为同一种生物最初都是在一个地点产生的，由于后期的四处迁徙，导致同一种生物的后代去往了不同地点，在不同环境中发生

我们也游不过去啊。

056

了不同程度的变异，但是它们始终来自同一祖先，因此保持着一定的相似性。

而那些因为高大山脉和广阔海洋阻隔没有办法迁徙至别处的生物，只能被限制在一定区域内繁衍生息。所以，相隔甚远又被大洋阻隔的大洋洲、南美洲和非洲，拥有着完全不同的物种就合情合理了。

隔山又重洋

我们知道，陆地上大型的哺乳动物是无法跨越广阔的海洋完成迁徙的，因为它们大多数都不会游泳呀！况且还有许多被冰川覆盖的高大山脉，更是将绝大部分哺乳动物牢牢限制在了它们生存的地区。

有些博物学家认为，英国和欧洲其他国家生长着同种的哺乳动物并不奇怪，英国早先就是和欧洲大陆连在一起的，由于板块运动才逐渐分离开，而在分开前，同一种生物可能早就往返于两地之间，在两个地区都繁衍后代。

057

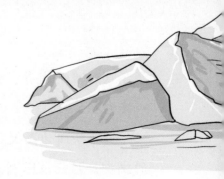

　　达尔文说，如果同一种生物真能在不同地域分别产生，那为什么在欧洲、大洋洲和南美洲的相似气候区内看不到同一种哺乳动物活动呢？要知道，把欧洲的某些植物移植到大洋洲和南美洲，它们依旧可以存活。

　　达尔文给出的解释是植物的传播方式很多，而哺乳动物只能徒步迁徙，大山、大洋是它们始终无法逾越的障碍。

总有些例外

　　许多博物学家和达尔文达成了一致观点，认为生物的地理分布最有可能"每个物种最初只产生在某个地区，

听说北极有咱们的近亲。

后来才根据它们的能力，尽可能地向外迁徙"。当同一种生物扩散到不同环境后，

因为有生存斗争和自然选择，它们的后代均会发生不同程度的变异，经过连续几个世代的累积后，被分隔在两地的同一种生物的内部构造和外形的差异就可能变得极大了。这么说来，被大障碍物阻隔的两个地区有着不同的生物种类，就不是什么稀奇事啦！

可现实中总有特例，这让达尔文感到头疼。

第一，为什么两座相隔很远的山峰顶峰会出现同一种生物呢？

第二，为什么同一种淡水生物没有受到大山、大海等障碍物的阻隔，能够广泛分布在互不相连的淡水河流与湖泊之中呢？

第三，在陆地生活的同一个物种，为什么既能在该大陆上生存，又能出现在与该大陆相隔数百里的海岛上呢？

如果达尔文能用"同一物种单一起源"的观点解释清楚以上这些"特例"，人们还有什么理由不相信

他说的话呢？

对于这三个"例外"，达尔文在后面内容中做出了较为详细的解答，我们先来探讨一下与之相关联的另一个重要话题。

远房亲戚

按照达尔文的主张，同一属的生物产生于同一地区，都来自共同的祖先，它们尽力地向其他方迁徙。那么它们会在迁徙过程中发生变异吗？假如达尔文能够证明那些生存在两地的、外观看似相同而又有区别的物种，是在过去某

一时期由一个地区迁移到另一个地区的，他的观点就能站稳脚跟了。怎样来证明呢？达尔文说，用遗传变异的原理就能很好地解释了。

举个例子，一个大陆上生活着不少种生物，而在距离这个大陆几百里外的海域内，由于板块运动和岩浆活动，隆起了一座火山岛，一部分生物慢慢从大陆挪移到了岛上，在那里繁衍生息。然而，由于生存斗争，它们的后代面对新环境和新挑战会发生不同程度的变异，又因为还有遗传的作用，火山岛上的生物与原大陆上的物种保持着一定的相似性。

所以，一个地区的物种和另一个地区的物种是远房亲戚呢！

物种的地理分布

达尔文曾以博物学家的身份参加了"贝格尔号"考察船的环球考察，为期长达 5 年。正是有了这次漫长的旅行经历，达尔文才发现许多自然界中存在的客观依据，也让他对探索物种起源之谜产生了浓厚的兴趣。

在考察期间究竟发现什么了，他的思想才有了如此大的转变呢？

达尔文的发现之旅

达尔文发现的第一件奇妙的事情是，地球上各大陆中有一些气候和地理环境等自然条件

062

相似的区域，而这些区域内分布的生物类型并不相同。

比如美洲大陆和欧洲大陆上都有高山、湖泊、森林、沼泽，还有干燥的沙漠，这两个大陆上相似的气候区如此多，应该至少能够发现一些相同的生物类型吧？可达尔文却发现，生活在这两个大陆上的生物很不一样。

达尔文又将南半球属于同一纬度带上的南美洲、非洲南部和大洋洲的部分大陆也做了对比，结果发现它们的气候条件也有很多相似之处，可生物类型却存在很大差异。

比如，南美洲南部麦哲伦海峡附近的平原生活着一种三趾鸵，它和南美洲北部拉普拉塔平原上生活的一种鸵鸟同属于美洲属鸵鸟，然而它们和生活在同一纬度带上的大洋洲和非洲南部的鸵鸟长得很不一样。

令达尔文感到惊讶的第二件事情是障碍物的阻挡与各地生物类型的差异有很大关联。

在一张世界地图

中，我们能清楚地看到海洋将大洋洲、南美洲和非洲这三个大陆分割得相当遥远，陆地生物是无法越过海洋从其中一个大洲迁徙到另一个大洲去的，所以各洲的陆地生物种类不同。

欧洲和美洲之间也有大洋相隔，两地的陆地生物种类有很大区别，而在欧洲和美洲北部地区，情况却不一样，因为陆地是连接在一起的，陆地动物可以自由往返于两地。

而在同一个大陆上，如果从南走到北，看到的生物之间的差异虽然没有跨越其他大洲那样大，可也会有所区别，因为不同纬度带上依然会分布着沙漠、山脉、江河等障碍物，它们将不同生物分开了。

达尔文发现的第三件奇妙的事情就是，在同一片大陆上生活的生物的亲缘关系相近，而在同一片海域生活的生物也同样有着相近的亲缘关系。一位博物学家从南美洲北部走到南部，沿途发现了一些不同种类的鸟，它们不仅叫声相似、鸟巢形状相似，就连鸟蛋的颜色也差不多。还有，人们在拉普拉塔平原上能看到的啮齿类动物刺鼠和绒鼠，它们是典型的美洲类型。这样的例子不胜枚举，也就是说，无论是在美洲大陆上，还是在美洲附近的岛屿上，或者美洲海域所生存的生物基本都属于美洲类型。如果这种相近的亲缘关系和地理环境没有太大关联，是由什么原因导致的呢？

同属或者同科的生物往往只在某一地区分布

导致同一个大陆或者同一个海洋中的生物亲缘关系相近的原因很简单，就是遗传。因为遗传导致某个区域内同一种生物繁衍出的不同类型的后代间具有一定的相似性。

由于存在生存斗争，生物的后代会发生不同程度的变异，而障碍物的阻隔对生物后代的变异具有很大影响，会导致生物的迁徙速度变得缓慢甚至直接阻碍生物的迁移。

而当一个本身就分布很广、拥有很强竞争优势的物种入侵了另一地区后，在新环境中又发生了有利变异，那么它就很有可能排挤当地物种，抢夺地盘。当它们获得胜利后，再繁衍出变异了

的后代，从而继续扩张领地。

如此下去，根据遗传与变异之间的关系，那么这个地区将逐渐被这个属的物种后代的个体数量填满。这也是一个地区或者一个大陆上的生物的亲缘关系相近的原因，因为同属的物种必定同源！

同属物种起源于同一地点

达尔文认为，同一个属的物种必定是同一个祖先繁衍出来的。尽管现在许多同属的物种分布在世界各地，彼此相隔遥远，但它们最初一定是从同一个地方迁徙而来的。因为很早以前，地球上的大陆有可能

像一块完整的拼图那样连在一起，由于板块运动才分开成为一个个大陆。而地球的地质年代又如此久远，曾经发生在地球上的几次重大气候和环境的变化，足以使一些生物四处迁徙。

另外，分布在世界各处的相同物种也必定来自同一个物种的父母产生的地方。不然，不是同一物种的父母又怎么会产出与自己同种的生物来呢？

还有，同一个属的物种是在较近年代产生的，因此彼此之间的距离也比较近。它们就好比达尔文"生命树"树枝上的末端嫩芽，数量虽然极其庞大，却只是代表了现在地球上的生物。

地质变迁对物种扩散的影响

气候的变化对物种迁徙有重大影响，比如某个地方现在的天气十分炎热，不适合北极熊那种皮毛较厚的动物生存，但在过去某个时期，这里也有可能是寒风凛冽的冰川区，生活着不少能够抗寒的动物。

板块运动造成的大陆上升或下沉、海平面抬升或沉降，都

对生物的迁徙有较为严重的影响。例如，早先英国所在的大不列颠群岛是与欧洲大陆相连的，两地的陆地动物可以自由来往。后来，由于出现了阿尔卑斯造山运动，岛与大陆连接处的陆地崩塌、断裂并沉入海中，这才形成了英吉利海峡。英吉利海峡将英国陆地上与欧洲其他国家陆地上的生物隔开，却沟通了大西洋与北海海域，将两片海域中的海洋生物融合在了一起。

　　也就是说，一直以来，地球上的气候和各地区的地理屏障都是在不断变化的，这些都曾经深深影响着物种的迁徙。

地质变迁带来的影响

我们不得不承认，数亿年来地球上发生过数不清的地质变化，引起过海、陆的沧桑巨变。达尔文设想，曾经，一个狭窄的地峡（连接两个大陆或连接大陆与半岛间的狭窄陆地）将两个大陆相连，这两个大陆上的陆地生物可以相互往来，而大陆两侧的海洋生物则被地峡分隔开来。

如果有一天，这个地峡被海水淹没了呢？那这两个大陆上的陆地生物也就失去了相互沟通的唯一桥梁，被分隔在两地，而这时，海水从断裂处穿过，又会将大陆两侧的海洋生物融合在一起。

因此，今天我们所看到的海岛，在久远的过去有可能存在一块能够与大陆相连的地峡，那时，陆地上的动物畅通无阻，可以通过这条小路到海岛上去"度假"呢！

还有，很多曾经可以供陆地生物暂时停驻、歇息的岛屿，现在要么沉入海中，要么由于海浪的侵蚀而消失。在那些遍布珊瑚的海域，我们不难发现这些沉没岛屿的遗迹，因为它们的上面长满了珊瑚。

现在，由于全球气候变暖，地球南北两极冰川加速融化，海平面持续升高，海洋中的很多小岛接连沉没，就连一些国家沿海的陆地也面临着被海洋"吞噬"的危险。

孟加拉湾有一座小的岩石岛，叫新摩尔岛，长久以来，附近的两个国家一直为了争夺这座小岛的主权而争论不休，可就在前几年，这个小岛已经由于海平面上升而被海水吞噬了。

种子奇幻漂流记

　　达尔文为了验证植物种子是否能够成功跨过宽阔的海面，拿了几十种植物种子做实验，最后得出的结论是，一些植物的种子的确能够被海水浸泡数日后继续生根发芽。随后，达尔文又找来许多带有果壳的植物，将它们投进海水里做实验，结果表明，一些植物的种子是完全可以顺着洋流漂流到别的地区，并且借助风力着陆后发芽成活的。那么这些种子究竟是怎样传播到其他地方去的呢？

山洪水带来了启示

在经常下暴雨的夏季，山区内的河沟极易因水位暴涨而引发山洪。当山洪来临时，砖块、瓦砾等沉重的碎物很快就沉入水底，而干枯的植物等能在水面上漂浮很久。

达尔文从山洪来临时的场景中得到了启示，干燥的东西具有很大的浮力，如果将植物进行干燥处理后再投入海中，是否就能漂流得更远呢？

因此，达尔文将94种结出成熟果实的植物进行干燥处理后投进海水里做实验，结果大部分植物很快就沉底了，还有一小部分植物，当它们上面结出的果实还很新鲜时，漂浮期会很短，而当达尔文把这些果实也进行干燥处理后，它们的漂浮期就会延长。

达尔文表示，将刚成熟的榛子直接扔入水中，很快就会沉底，而将其干燥后再扔进水中就能漂浮90天不腐烂，这样的种子埋在土里后还能发芽；结满红色浆果的天门冬刚收割下来时能在海水中漂浮23天，将其干燥后再投入海水中竟能漂浮85天，且种子还能发芽；苦荬菜的种子刚成熟时只在水中漂浮2天就沉底了，而干燥后的种子至少可以漂浮90天而且还能够发芽。

达尔文对以

上几次实验的结果进行计算后，得出一个推论：无论是哪个地区的植物种子，其中都有14%能够在漂浮28天后，依旧可以发芽。

顺着洋流"移民"

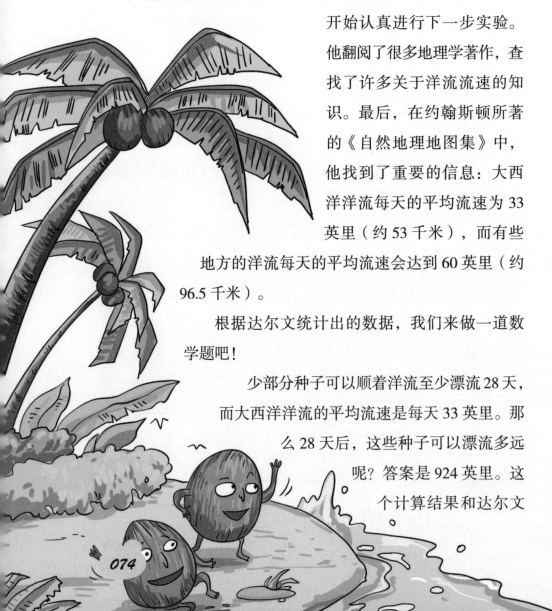

在确定干燥后的植物种子具有很强的漂浮能力后，达尔文开始认真进行下一步实验。他翻阅了很多地理学著作，查找了许多关于洋流流速的知识。最后，在约翰斯顿所著的《自然地理地图集》中，他找到了重要的信息：大西洋洋流每天的平均流速为33英里（约53千米），而有些地方的洋流每天的平均流速会达到60英里（约96.5千米）。

根据达尔文统计出的数据，我们来做一道数学题吧！

少部分种子可以顺着洋流至少漂流28天，而大西洋洋流的平均流速是每天33英里。那么28天后，这些种子可以漂流多远呢？答案是924英里。这个计算结果和达尔文

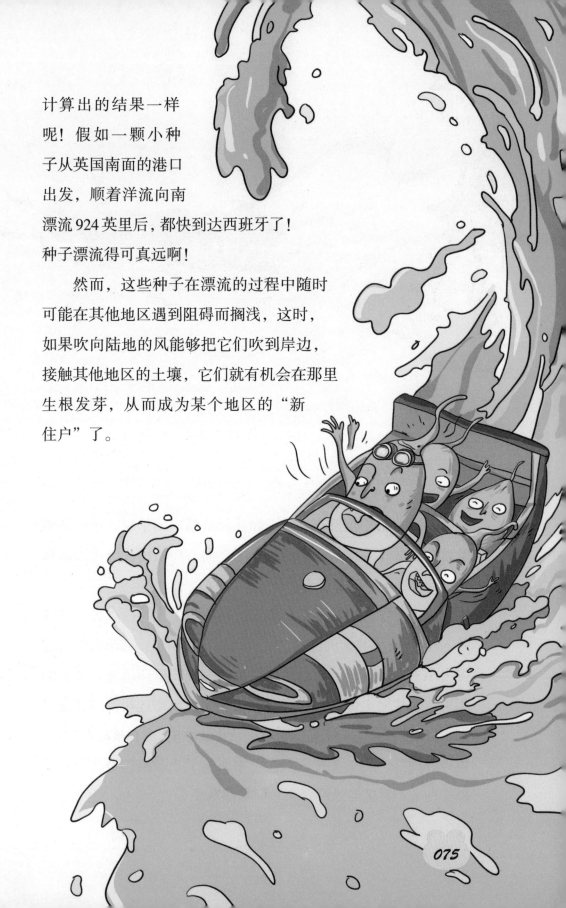

计算出的结果一样
呢！假如一颗小种
子从英国南面的港口
出发，顺着洋流向南
漂流924英里后，都快到达西班牙了！
种子漂流得可真远啊！

　　然而，这些种子在漂流的过程中随时
可能在其他地区遇到阻碍而搁浅，这时，
如果吹向陆地的风能够把它们吹到岸边，
接触其他地区的土壤，它们就有机会在那里
生根发芽，从而成为某个地区的"新
住户"了。

偶然的发现

　　大海上经常会漂着一些不知从何处而来的枯树，这些枯树常常能够被海浪推到海中的小岛上，而有些枯树甚至可以被海浪推到大洋中心的岛屿上。

　　达尔文曾将一块漂浮在海中的枯树拖上岸，检查后发现这是一棵有 50 岁高龄的橡树。它的树根盘根错节，底部附带着很多大小不一的石块，而石块与树根的小缝隙里还填充着紧实的泥土。这些泥土像胶水一样将石块和树根紧密连接，即使被海浪拍打了很久，泥土依然稳固地夹杂在缝隙里，没有被海水冲走。最神奇的是，达尔文在这些泥土中取出了三颗被包裹在里面的植物种子，后来经过培育，它们全都发芽了。

达尔文在一座漂亮的花园里种了各种花草，引得许多鸟儿前来。有一次，细心的达尔文在花园里散步时，发现地上的鸟类粪便中带有植物种子。此后，达尔文频繁进出花园，两个月内便从鸟类的粪便中收集到了十几颗植物种子。达尔文把这些种子种了下去，其中的一些真的发芽了。

植物传播自己后代的办法可真多啊！

别着急，往下看，种子接下来会给大家带来更多意想不到的趣事呢。

种子也能周游世界

　　虽然达尔文小时候非常顽皮，还喜欢搞恶作剧，但是他兴趣广泛，喜欢观察和收集昆虫，对于许多自然现象都充满了好奇，更喜欢尝试自己去寻找答案。比如，不起眼的植物种子是怎样扩散到很远很远的地方呢？产生这个疑问后，谁能想到可以去鸟类的粪便中找答案呢？可咱们的达尔文老先生不仅想到了，还亲自收集并观察鸟类的粪便，而且发现了鸟类能够携带植物种子的秘密。

　　正是由于拥有强烈的好奇心，才达尔文才越来越见多识广，掌握了很多生物学知识。所以，要想成为一

078

名博物学家，不仅要善于思考，还要像达尔文老先生一样多从去自然界中寻找答案哦。

下面有不少关于植物传播种子的方法，过程十分神奇，我们来看看达尔文都发现了什么吧！

鸟类是大功臣

你知道鸟类能传播种子吗？有些植物种子是小鸟特别爱吃的食物，当它们嘴里衔着可口的种子在天空中美滋滋翱翔时，一不小心就可能让嘴里的种子掉落在泥土里，然后生根发芽了。

有些植物为了让鸟类或者昆虫帮自己传播种子，还会用上独家"技能"，比如释放香气。山葡萄的果实成熟后会散发出诱人的香味，能吸引鸟类前来啄食它的果实。鸟儿吃饱之后四处飞翔，山葡萄的种子也就随着它们的粪便排泄出去，从而散落在不同地方。

活着的鸟类传播种子是很正常的，你听说过死了的鸟类也能传播种子吗？

达尔文的好奇心太重了，他看见有些漂浮在海上的鸟类尸体渐渐被海浪拍打上岸，就忍不住走上瞧一瞧。一些鸟类的尸体保存得很完整，嗉囊里还包裹着许多没被消化的植物种子，达尔文判断这些种子依然具有发芽能力。假如没有动物吃掉这些死鸟的尸体，待尸体腐烂后，嗉囊里的这些种子接触了土壤，就有可能生根发芽。

看到这种情景，达尔文又联想到一种情况，停下来休息的小鸟是很危险的，老鹰和猫头鹰可是专挑这些飞倦了的鸟儿袭击。如果一只刚吃饱没多久的小鸟在打盹时不幸被老鹰逮住了，它就成了老鹰的美味。老鹰很可能在"饱餐"小鸟的过程中撕开它的嗉囊，而这时嗉囊里还没被消化的种子便"重见天日"，它们一下子散落到地上，也就有机会在土壤里生根发芽了。

爪子原来是顺风车

鸟类的爪子通常是很干净的,但有时免不了沾上一些泥土。有一次,一个朋友送给了他一只丘鹬(yù),达尔文从这只鸟的胫骨处抠下一块土块,有趣的是,里面竟然包裹着一颗植物的种子。达尔文将这颗植物种子播种下去,后来它竟然发芽并开花了。

达尔文有位好友是观鸟爱好者,他观察到每年大批往返英国的很多候鸟爪子上带着泥土,这种现象太常见了。

说出来你可能不信,达尔文曾从好友那里接收了一只受伤的石鸡,他在这

081

只石鸡的腿部也发现了一团泥土。达尔文将这团泥土保存了三年，有一天，他把这团泥土拿出来敲碎，然后放在一个玻璃容器内并浇上了水。令他没想到的是，从这一小团泥土中竟萌发出 82 株植物幼芽，至少有 3 个品种！

这几次有趣的发现让达尔文意识到，每年有几百万只候鸟成群地迁徙，它们的喙部和爪子有很大可能沾上带有种子的泥土。这些种子就这样搭载着鸟类的"顺风车"满世界周游，掉落在哪里，就在哪个地方生根发芽了。

愉快的冰川之旅

冰川就像一块块脏兮兮的大冰块，里面可能夹杂着泥土、石头、树枝和一些动物残骸。在寒冷的南、北地

区，一些小型的、会流动的冰川能够将一些植物种子带去其他地方。就算在温带地区，只要到了寒冷的冰期，冰川也可能会将种子运往四面八方。

达尔文发现亚速尔群岛（北大西洋中东部的火山群岛）上的部分植物和欧洲大陆上的植物有很多共性，他猜想这是因为在冰河时期，一些冰川将欧洲大陆上的一些植物种子带到了亚速尔群岛。

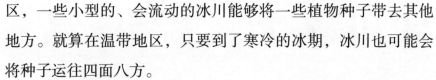

为了求证自己的想法，达尔文还向地质学家查尔斯·莱尔询问了亚速尔群岛上的地质情况。莱尔回信说，他在亚速尔群岛上看到了不少岩石碎块，显然不是岛上原有的。达尔文更加坚定了自己的想法，那就是很早以前，包裹着巨大石块的冰川造访了亚速尔群岛，并把一些来自其他地区的植物种子也顺便带到了岛上。

冰川来了，快逃

在一些相隔较远的山峰的山顶上，生长着许多相同的物种。这些山峰之间相隔数百英里，中间还隔着广袤的低洼地带，高山物种不适应在低洼地带生存，因此它们无法从一处山顶下来，跨越低地再迁移到另一座山峰。可为什么这些不同的山顶上会生长着相同的动植物呢？看看达尔文是怎样解释的吧。

冰川遗迹

很多生物学家注意到，阿尔卑斯山（欧洲中南部）和比利牛斯山（欧洲西南部）上覆盖着积雪的区域，生长着许多相同的植物，这些植物和欧洲北部高山上的植物

属于同一物种。

北美洲也存在同样的情况，美国怀特山上的物种几乎和加拿大东部拉布拉多高原上的物种一模一样。更奇怪的是，北美洲的这些高山物种竟然和欧洲的高山物种几乎一样，这难道是巧合吗？

在没有事实能够解释这种现象之前，又有人站出来脱口而出："看吧！同一物种分别在不同的地方被创造出来了。"这明显否定了达尔文"物种单一起源"的观点。

为什么相同的物种会出现在距离很远的不同的山顶上呢？在过去的很长一段时间，达尔文怎么都想不通这个问题。直到一群地质学者朋友提醒他，也许应该注意一下冰河时期的物种分布，达尔文才恍然大悟。

在地质历史上，欧洲和北美洲都曾经历过

多次冰川时期，那时这两个大洲的气候几乎与北极地区的气候类型相同。有的地质学者在欧洲大陆西北部大不列颠群岛一些山峰的半山腰上发现了冰川经过时留下的划痕和巨大的漂石等冰川遗迹，证明了这个地区山谷中曾经填满了冰川。

　　欧洲古今气候的变化非常明显，现在意大利北部长满了葡萄和玉米，土壤下埋藏着古冰川时期的冰碛石；美国的许多地方也存在漂石和有冰川划痕的岩石。这些都是冰川曾经来过的证明，也说明这些地方的气候曾经十分寒冷。

冰川时期的生物分布

　　地球历史上曾出现过多次"冰川时期"。每当冰川时期来临，地球上便会异常寒冷，南、北两极地区被厚厚的冰盖所覆盖，中纬度和高山区也会出现大面积的冰盖和冰川。这些变化进一步影响着地球各地区的气候、大气环流和洋流活动，从而改变着地球上动、植物的分布。

　　想象一下，一个冰川时期来临后，北极的气温已经降到让北极圈内的所有生物无法忍受，这些生物必然会向稍微暖和一点的南面迁移。这样一来，南面地区原有的生物因遭到外来北极生物的排挤，又会向更南的方向迁移，直到它们遇到大洋、大山脉等难以跨越的阻碍时才有可能停止脚步。

　　当北极地区的气温冷到一定程

度时，这里可能已"空无一物"，北极类型生物向南扩散，遍布欧洲和北美洲的大部分地区。

当冰川时期快要结束时，全球气温也渐渐回暖，大部分南迁的生物便沿着来时的路线回归自己的栖息地。

大部分北极类型生物最终会回到它们熟悉的气候地区，然而，有一部分北极生物可能会永远停留在它们"借住过"的高山区，因为高山区的山脚下虽然冰雪消融，但高海拔的山顶常年覆盖着积雪，同样适合它们生存。

所以，当地球上的气温恢复正常后，一部分北极类型生物回到了老家；另一部分就留在不同的高山顶上，成为那里的永久"住户"。这也是为什么欧洲大陆和北美洲大陆上相隔较远的山顶上会有相同的物种，因为这些物种都是在冰川时期被搬来的。

让人疑惑的海岛

　　达尔文在翻看航海日志和到各地的岛屿上考察时，发现了许多趣事，比如，为什么海岛上很少出现两栖动物和大型哺乳动物？有些海岛上为什么会生长着带勾刺的植物呢？独立于海洋中心的海岛，为何植被会茂密成林？别着急，这些问题，达尔文都会一一来解答。

海岛上的怪事

　　达尔文在对一些海岛进行考察时，发现多数海岛上都缺少哺乳动物，原因很可能是被其他纲的动物占据了位置。例如，加拉帕戈斯群岛的巨型蜥蜴可能替代了岛上原有的哺乳动物的位置。另外，达尔文还发现，有的海岛上生长着许多带勾刺的植物，而勾刺的用途很明显，就是挂在动物的皮毛上，进而被携带到各处。然而，达尔文发现这个海岛上连带皮毛的哺乳动物也没有，也就是说，这种带勾刺的生物很早以前是通过别的方式移居到这个岛上来的，最后由于适应了岛上的环境才繁衍至今。

　　有的海岛上会生长着同一目下的乔木和灌木。达尔文猜想，高大树木的不像轻盈的草本植物那样容易四处扩散，很有可能是某些草本植物的种子偶然登上海岛，在岛上疯狂蔓延。岛的面积有限的，一些植物为了争夺到更多的阳光不得已变异得越来越高大，直至发展成了灌木，最后慢慢又变异成高大的乔木。

为什么海岛上没有两栖类和哺乳类？

有生物学家反映，各大洋中的海岛数不胜数，可几乎从未在海岛上见过青蛙、蟾蜍和蝾螈等两栖类动物的身影。

达尔文为了验证这一说法，做了许多研究和调查，发现结果确实如此。难道海岛上的气候环境不适合两栖类动物生存吗？

并不是，有人曾将青蛙带到了马德拉、亚速尔和毛里求斯等火山岛屿上，结果青蛙们在这些岛屿上大量繁殖，几乎成灾。那究竟是什么原因导致各大海岛上没有两栖类动物呢？

达尔文简单而直白地说："那是因为青蛙和青蛙卵只要碰到海水就死了！它们没办法漂洋过海，移居到海岛上。"你看，海岛上缺少这种两栖类动物的原因多么简单啊！因为它们是淡

喊破喉咙，你也游不过去。

水生物，没办法跨越海洋，四处迁徙。

海岛上不仅没有两栖类动物生存，也没有大型陆地哺乳动物。达尔文翻遍了很久以前的航海日志，也没有发现任何一条关于陆地哺乳类动物在海岛上生存的记录。

难道海岛上没有足够的资源让哺乳类动物生存吗？不是的，很多靠近大陆的海岛上都有一些小型哺乳类动物存在，比如属于哺乳类的蝙蝠遍布各个海岛，而且种类繁多。

如果用特创论来解释这种现象就很离谱，难道只在各个岛屿上创造小型哺乳动物而不创造大型哺乳动物吗？达尔文补充道："这个问题太简单了，因为大型陆地哺乳动物既不会像蝙蝠和鸟类那样到处飞，也不能像鱼一样游得很远，能跨越海洋。"

知识链接：岛屿的分类

1. 大陆岛

大陆岛是过去曾与大陆相连的陆地，由于地壳下沉而导致靠海的一部分陆地被海水侵入，随之与大陆分离。格陵兰岛、日本群岛等都是大陆岛。

2. 大洋岛

大洋岛是不曾与大陆相连的海洋中的岛屿。大洋岛分为火山岛和珊瑚岛两种类型。火山岛是由海底火山持续喷发出的岩浆逐渐堆积形成的岛屿；珊瑚岛是由海洋中的腔肠动物珊瑚虫的残骸和其他带壳动物的残骸堆积而成的岛屿。

淡水生物的分布

　　地球上由于有了陆地的阻隔，才有了江河湖海等大小不同甚至不相连的水域。而面积广阔的海洋更是让淡水生物望而却步的屏障。那么淡水生物就只能被局限在某一特定区域生存，而不能扩散到其他地方了吗？听听达尔文是怎样解答这个问题的吧。

分布广泛的淡水鱼

　　众所周知，大陆上的很多池塘、河流里遍布淡水生物。这些生物可以从一个池塘迁移到一条河流中，也可以从一条河流迁移到另一个湖里。凭借这种短距离迁移能力，淡水生物能逐步扩散到更远更大的淡水环境里去。

所以，同一个大陆上的淡水鱼种类很多，且没有分布规律。比如，某些邻近的河流中有很多同种的淡水鱼，而有些邻近的河流中淡水鱼的种类完全不同。

那么淡水鱼类到底是如何进行短距离迁移的呢?

达尔文说，淡水鱼类可能是被意外从某一处迁移到另一处的。比如，当陆地上刮起的强烈旋风恰巧掠过池塘或者河流时，很可能顺带将水中的鱼类卷到了其他地方水域，鱼卵在离开水

嘎嘎~意外收获！

面一段时间后也是有存活能力的；当山洪暴发时，原来被山峰阻隔的淡水鱼类能顺着洪水流向各处，其中一些鱼类最后会混合起来汇入低洼的河流。另外，还可能是由于陆地发生了升降变化，导致大小河流汇聚在一起，使淡水鱼类得以广泛分布。

淡水生物的传播

考察淡水生物的分布情况时，达尔文发现了一些淡水贝类分布得非常广泛，近缘种类的淡水贝类几乎遍布世界，而按照达尔文"近缘物种源于同一地区"的观点，近缘淡水贝类必然是从同一个起源地扩散开来的，可它们究竟是怎样扩散到世界各地的淡水环境中的呢？

鸟类似乎没办法像携带种子一样将大个头的贝类也带走，

而且淡水贝类和它的卵只要接触海水就会死亡，也无法像种子那样随洋流四处漂流。

有一次，达尔文在野外散步时意外发现，经常在池塘里戏水的鸭子上岸后，身上会沾上许多浮萍，这些小植物牢牢附着在鸭子的羽毛和蹼上，随鸭子四处走动。达尔文受到启发，回去就做了一个实验。

他把一些即将孵化出来的淡水贝类放在水族箱里，再往水族箱里放一些浮萍，这样就模拟出了一个"小池塘"。随后，达尔文将一只鸭子挂在水族箱上，并让鸭脚荡漾在水面上。很快，已经孵化出的小贝类就牢固地沾附在鸭子的脚掌上，就算鸭子的脚掌脱离水面，这些小贝类也没有掉落下来。

达尔文说，淡水贝类虽然是水生的软体动物，但它们脱离水

抓紧！掉到海水里可就死定了。

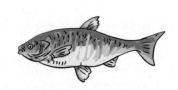

面后，还能在湿润的鸭掌和潮湿的空气中存活十几个小时。这么长的时间足够一些水鸟飞行几百英里远了。假如鸟类在飞翔中被海风吹到了某个小岛上或者更遥远的地方，就有可能将淡水贝类也带到那些地方的池塘、河流里了。

淡水植物分布广泛

淡水植物分布得十分广泛，不论是相隔较远的大陆还是海岛，几乎都可见相似的淡水植物。这些淡水植物真奇怪，好像有点儿水的地方就能看见它们，达尔文说，只要利用了有效的传播方式，这些淡水植物就可以遍布全世界。

讲种子的扩散方法时，达尔文说，候鸟的爪子容易沾上藏有植物种子的泥土，候鸟迁徙后也就顺便将种子带到了别处。水鸟几乎长年在水边活动，它们主要捕食河边的鱼虫，也吃一些草籽，因此爪子上免不了沾上到河边的泥土。当它们由一处淡水栖息地飞至另一个淡水栖息地时，就很有可能把淡水植物的种子由

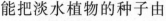

一个地方传播到另一个地方了。

　　另外，像鹭鸶这种特别爱吃鱼的水鸟，几乎每天都要吃掉很多淡水鱼。而淡水鱼多半是以河流中淡水植物的种子为食的，因此鹭鸶吃掉大量淡水鱼的同时，也将鱼腹内未消化的植物种子一并吞下了。而我们也知道，在几个小时内，从鸟类粪便中排出的未被消化的种子依然具有发芽能力。

　　通常，像鹭鸶一样的涉禽鸟类在一处水域饱餐一顿全鱼宴之后，还会立马飞到另一处水域继续进食，因此淡水植物种子被带去其他地方也是极常见的事啦。

生物的分类

地球有数十亿年的历史，地球上的生物早已从最初的那几个物种繁衍出了无数个物种，其中大部分物种早已经改头换面，再也没有一点祖先的影子。

面对如此庞杂的生物群，博物学家们该如何给它们分类呢？

生物分类的方法

达尔文说，生物分类不会像把天上的星星并入某个星

系那样随意，如果把生活在陆地上的生物划进一个类群，把会游泳的生物划进一个类群，把食肉的生物划为一个类群，把吃草的生物划进一个类群……这样划分可就太简单了。达尔文说，自然界内的情形比人们想象得复杂很多，就算同一个小的类群内的生物也具有不同的习性。

鲸在水中生活，除了身躯比较庞大外，没看出外形与普通鱼类相比有什么分别，可它却是哺乳动物，不属于鱼类；狗的上腭和袋狼的上腭极为相似，但狗和袋狼却是完全不同的两种动物。达尔文的意思是，如果博物家们根据外形的相似程度来给生物分类，那可就太草率了！

人们叫我鲸，但我可不是鱼类，而是生活在海洋中胎生哺乳动物，用肺呼吸也是我和其他鱼类较大的区别之一。

我们鱼类都是卵生，用鳃呼吸的。

以"血缘"为纽带

一个大家庭中可能有爸爸妈妈、爷爷奶奶、外公外婆等人，那么这些家族成员是靠什么维持家庭关系的呢？有人会说靠"亲情"，而亲情就是拥有血缘关系的人之间的感情。我们更常听到一个成语叫"血浓于水"，意思是有血缘关系的人会比没有血缘关系的人更加亲密。

在一个家庭中，血缘关系就像一种纽带，维系着家族成员之间的感情。同样，在自然界中，不同类群的生物也以血缘关系为纽带，共同谱写着一本生物家谱。

达尔文在前面说过，所有的物种最初可能都是由同一个或

马科动物这边走。

几个共同祖先繁衍而来的。随后，这些物种开始在各自的栖息地繁衍，偶尔也被意外带到其他地区，在异地落户。当各地区的物种繁衍得越来越多时，激烈的生存斗争也随之展开。因此有些物种由于数目多、分布范围广，比其他物种更容易发生更多的变异，也就成为当地的优势物种了。

而这些优势物种的后代极有可能遗传它们祖先的优势，并继续发生变异，最后进化成了雏形种或者新物种，而自然界的物种群也就越来越庞大了。

在一段时期内，地盘、食物等可供生存的条件有限，生存斗争永无休止，每个物种也都尽量多抢占领地，多发生有利变异。最后，它们的外形特征和内部构造都出现了不同程度的变异，性状也就出现了越来越大的分歧。

猫科动物跟我走。

最后，数量多
的、性状分歧大的类群会
逐渐排挤掉变异少的、分歧少的
类群。

亲如一家

　　根据达尔文进化论中的理论，地球上曾逝去的和
现存的所有生物都包含在一个庞大、复杂且世代传
承的系统里，即"生物的家谱"，也就是，所有生
物都是由一个共同的祖先演变而来的。

　　在这个家谱中，每一纲的各个类群都严格按照谱系排列，
它们的"家族"地位旗鼓相当，因此可以保持并列；

它们的亲缘关系
密切关联，和祖先
的亲缘关系也更深。

　　按照与祖先的亲
缘关系深浅给生物分类，
从纲这一级往下，亲缘关系近一点的物种被放
进同一目中，亲缘再近一点被放进同一科中……亲缘关系
最近一级的被放入同一属种。

　　生物的分类是严格按照谱系和亲缘关系的远近来划分的，
并不是按照生物之间的相似程度高低来划分的。因此，地球上
的生物多少都会沾亲带故，亲如一家。

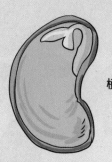
植物胚芽

人体胚胎

胚胎学

　　什么是胚胎呢？生物学上将胚胎定义为"受精卵在母体内初期的动物体"。比如人类，只有受精卵在子宫内先发育成胚胎，再由胚胎发育成胎儿幼体，母亲将其生出来，使其成为宝宝。胚胎就好比一颗种子在土壤里刚刚萌芽的状态。

　　包括人类在内的所有高等动植物的胚胎，都是从受精卵开始发育的，也就是说，胚胎（植物的叫作胚芽）能展现出所有高等动、植物诞生之初的模样。

　　在达尔文提出进化论之前，生物学家冯贝尔通过观察研究各种动物的胚胎发育后得出一个结论："各种脊椎动物的早期发育十分相似，随着后期发育的进展，才逐渐出现各类生物所独有的特征。"这个观点也被称为"贝尔定律"。

　　之后，在冯贝尔和多位科学家的共同努力下，胚胎学不仅发展成为一门成熟的学科，也为之后达尔文的进化论提供了丰富依据。

冯贝尔的实验趣事

生物学家冯贝尔曾发现鱼类、两栖类、爬行类、鸟类和哺乳类动物的外形虽然差别很大，可是它们的早期胚胎性状极为相似，但随着进一步发育，这几种胚胎完全朝不同的路径发展，各自显现出完全不同的形态和特征。

达尔文在《物种起源》一书中也提到过："一些看起来完全不相关的动物，它们通常在胚胎时期十分相似，而在发育成熟后又极为不同。"为了使这个观点更具有说服力，达尔文列举了生物学家冯贝尔的实验趣事。

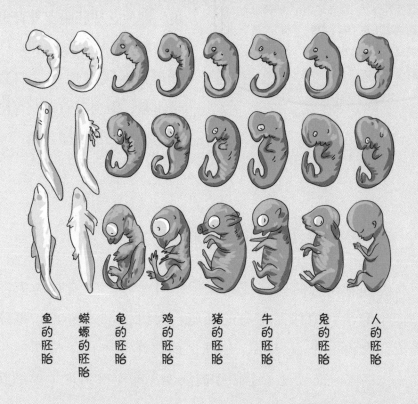

鱼的胚胎　蝾螈的胚胎　龟的胚胎　鸡的胚胎　猪的胚胎　牛的胚胎　兔的胚胎　人的胚胎

冯贝尔在实验室里研究不同生物的胚胎时，曾将两种动物的小胚胎放进装满酒精的瓶子内，可他忘记在瓶上做标记了，后来竟分辨不出来它们是什么动物的胚胎。

因为这些小胚胎都还没有发育出四肢，只有大大的头和躯干，看起来特别相像，根本无法区分。冯贝尔说，即使这些胚胎上发育出了四肢，他也不敢保证自己能够准确无误地将它们分辨出来，因为它们在发育初期的构造几乎一样。

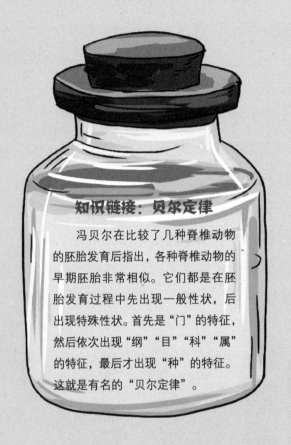

知识链接：贝尔定律

冯贝尔在比较了几种脊椎动物的胚胎发育后指出，各种脊椎动物的早期胚胎非常相似。它们都是在胚胎发育过程中先出现一般性状，后出现特殊性状。首先是"门"的特征，然后依次出现"纲""目""科""属"的特征，最后才出现"种"的特征。这就是有名的"贝尔定律"。

人类起源于海洋假说

从目前现有的研究成果来看，科学家们普遍认为海洋是诞生和孕育地球上生命的摇篮。大约在45亿年前，地球形成；大约在38亿年前，地球上的海洋孕育出了最初的生命——细胞。又经过了上亿年的演变，海洋中出现了单细胞

藻类。通过藻类的大量繁殖并与阳光进行光合作用，海洋中产生了氧气和二氧化碳，这为海洋中的三叶虫、鹦鹉螺以及后来的鱼类等多种复杂的海洋生物创造了基本的生存条件。

有科学家提出了人类起源于海洋的假说，认为人类最初是由海洋生物演变而来的，登上陆地后进化为人类。人类的体表特征确实和一些海洋生物有着相似性，比如人类在胚胎时期和鱼类一样都有鳃裂，只不过鱼类生活在水中，鳃裂逐步发育成了鳃，而人类生活在陆地，幼体发育要靠肺呼吸，鳃裂便逐渐消失了。关于人类到底是不是由海洋生物进化而来的，目前还没有定论。但我们可以猜想出一个有趣的演化过程：

很久以前，海洋中诞生了最原始的生命——单细胞生物，慢慢地这种单细胞生物发育进化成了脊椎动物——原始鱼类。其中有一种鱼发育出了鳍，这种鳍鱼曾在海洋中称霸，数量繁多，并逐渐从海洋爬上陆地。随后，它们的鳃进化成了肺，并逐渐进化成为原始两栖类。之后，原始两栖类中的一些动物进化成爬行类，再由爬行类进化成哺乳类，直到哺乳类中的人类出现。

青蛙的幼体蝌蚪在水中是靠鳃呼吸的，成年后会转移到陆地上生存，于是鳃就变成了肺，改用肺呼吸，这个过程不到一个月就可以完成。而鳍鱼从登上陆地再进化成人类，可能经历了数亿年。

形态学

　　形态学的主要研究对象是生物个体的外部形状、内部构造及其变化规律。形态学涉及的方面极广，还包括解剖学、器官学和组织学等。它不仅是生物学家孜孜不倦研究的命题，也是数学家和艺术家十分喜爱的一门科学。形态学这一术语是由德国伟大的诗人和自然科学家歌德"首创"的，就连意大利绘

画大师达·芬奇的诸多人体绘画中也透露着形态学知识。达尔文正是通过形态学的知识，解开了有关生物内部构造相似性的谜团。

奇妙的构造

达尔文告诉我们：同一纲下的动物，生活习性可能不同，但它们身体某部分器官的结构十分相似，在生物学上称为"同源器官"。

在哺乳纲中，我们光凭肉眼仅能看见许多动物的腿部和我们人类的胳膊一样也具有关节，但你能想象得到吗，人类抓握东西的手、鼹鼠用以挖土的前肢、马奔跑时的长腿、海豚在水

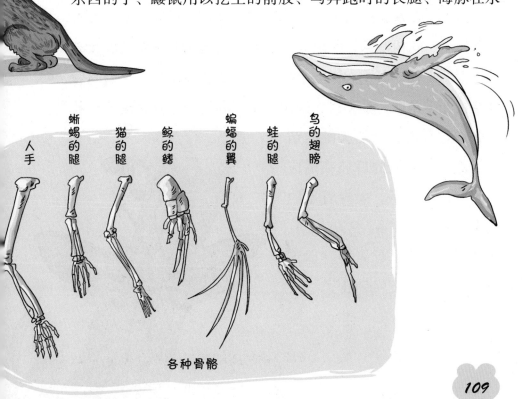

人手　蜥蜴的腿　猫的腿　鲸的鳍　蝙蝠的翼　蛙的腿　鸟的翅膀

各种骨骼

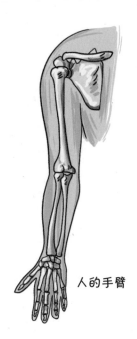

人的手臂

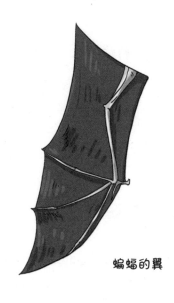

蝙蝠的翼

中掌握平衡的鳍状肢，以及蝙蝠用于飞翔的翼等器官，其骨骼构造居然是同一种型式的，并且在相同位置上对应着都有相似的骨头。这些是不是挺有意思的？还有更奇妙的呢！

达尔文发现大洋洲上生活着的擅长奔跑跳跃的袋鼠，喜欢攀爬树干、吃树叶的树袋熊（考拉）和住在地下靠吃昆虫和树根为生的袋狸，以及大洋洲上的一些其他袋类动物，它们的后肢结构几乎是同一种型式，即都是第二和第三根趾骨瘦长，被一张皮包裹着。虽然脚趾的结构类似，可它们的后肢在适应了不同的环境后，发挥着不同的作用。

这难道不是近缘物种遗传自同一祖先的最佳证明吗？

异曲同工之妙

同一纲下的不同生物可能会具有同源器官，就像人的手和蝙蝠的一样，架构相似，在相对应的位置也有相似的骨头，就算二者骨骼的大小和形式完全不同，但骨骼连接顺序是相同的。

你见过哪个人的肱（gōng）骨和前臂骨是调换顺序长出来的吗？又有谁的大腿骨和小腿骨是颠倒着长的呢？所以说，不同动物的同源器官连相对应的骨骼的名称都是一样的。

达尔文告诉我们，从昆虫的口器中还可以发现类似的奇妙规律。例如，天蛾长着螺旋式的长喙，蜜蜂和臭虫长着可以折叠的喙，甲壳虫长着大颚，这些器官看起来差异悬殊，可达尔文说："这些器官长在不同昆虫的躯体上，发挥着不同的作用，但它们都是由一个上唇和大颚和两对小颚等组织变异而来的。"

同一纲下不同动物的骨骼的外表看起来不同，而内部构造一样，并且还分别发挥着作用，真是有"异曲同工"之妙啊！

虽然长得不一样，可大家都是鸟类。

遗传力量大

达尔文表示，如果用遗传变异和自然选择学说来解释"同源器官"，大家就比较容易理解了。

生物在演变过程中适应着不同环境，发生着不同程度的变异，由于自然选择，有利于生物本身的变异被保留下来，而生物体某一器官的变异也会多多少少影响身体其他器官的变异，但不会或者很少能改变生物体各部分构造组合起来的顺序，就像用积木搭建一座房屋，不论是先搭建四周还是先从底部开始搭建，门和窗户的位置始终都是固定不变的。

　　动物的肢骨发生变异后，可能逐渐演化得很短很扁，最后被膜包着，慢慢变成了鳍；有些动物的前爪中间带有膜，这种爪子可以发生变异，逐渐变得很长，膜也可能进化得很发达，连带着骨骼变成了翼，但这些变异并没有改变骨骼与骨骼之间的连接顺序。

我可是唯一一种能真正飞翔的哺乳动物。

　　因此，同一纲下的所有哺乳类、鸟类、爬行类动物的肢体器官同源，都是遗传自早期共同祖先身体上的"肢体器官"，虽然其中不少动物的肢体器官现在已经进化得模糊不清或是完全消失了。

113

祖先的印记

达尔文说，高等动物尤其是哺乳类动物的身体构造中往往还带有残迹器官。比如，雄性哺乳类动物还保留着已经退化的乳头；很多鸟类翅膀的关节处曾经长有爪子，现在那个部位已经退化成了小翼羽；蛇类的左侧肺叶已经严重退化了；有些鸟类（比如鸵鸟）的翅膀如今已经退化得完全没有飞翔功能……我们可以将残迹器官理解为萎缩了、退化了、没有什么用处的器官。

退化器官的隐藏功能

虽然一些动物的退化器官发育得不完全，但仍旧保留着一些潜在功能，如个别雄性哺乳动物的乳头发

114

育良好，甚至能挤出一些乳汁；两栖类中的水蝾螈的幼体生活在水中，用鳃呼吸，而一种生活在高山上的山蝾螈几乎从来不与水接触，但它们的幼体依然可以像水蝾螈的幼体一样在水中游泳，因为这些幼体都具有一样的羽状鳃。一些动物身上的构造虽然还保留着其实是已退化了的，已经没有功用了。

祖先的"印记"

人体的眼、耳、口、鼻、手等器官都各有用处，所以不是残迹器官，而像智齿、阑尾、尾椎骨和男性的乳头等在人体上几乎没有什么用处的器官就是残迹器官。

另外，动物身上如鲸鱼发育早期的假肢、鲸鲨的牙齿、蟒蛇的后肢骨和体内残留的盆骨结构、加拉帕戈斯岛上鸬鹚的弱翅和蛞蝓的壳等，都属于残迹器官。

显然这些器官并非经过变异和自然选择产生的，因为自然选择只会保存对生物有利的变异。残迹器官是祖先的"印记"，由于遗传，这些动物祖先身上的某些构造依然会保留到后代身上，只不过其中一些器官后来逐渐退化、萎缩，变成现在这样没什么用处了。

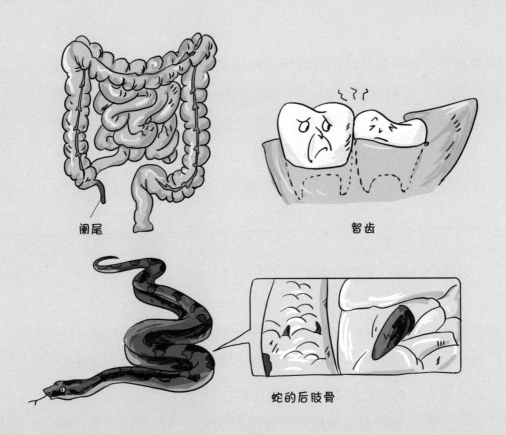

阑尾

智齿

蛇的后肢骨

导致残迹器官出现的主要因素

关于残迹器官的出现，达尔文表示，器官长期得不到使用可能是主要原因。由于连续地较少使用或者几乎不使用某些器官，导致这些器官越来越小，最后几乎不发育而变成了残迹器官，而这一结果是可遗传的。

由于鼹鼠长期生活在漆黑的地下洞穴内，较少使用视力，所以视力越来越弱，几乎看不见了；海岛上的不少鸟类，由于缺少天敌的追捕，翅膀已经退化，导致它们无法飞翔了。

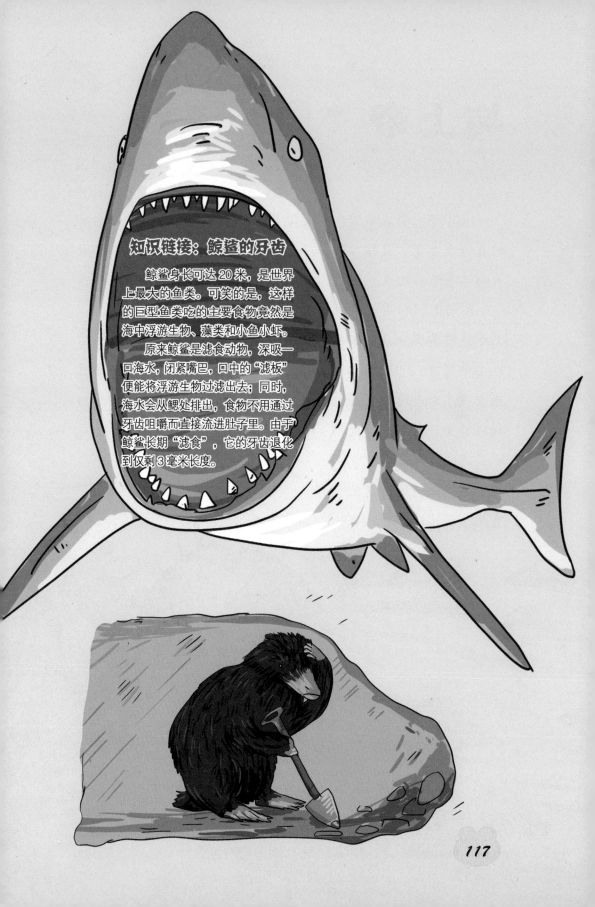

知识链接：鲸鲨的牙齿

　　鲸鲨身长可达 20 米，是世界上最大的鱼类。可笑的是，这样的巨型鱼类吃的主要食物竟然是海中浮游生物、藻类和小鱼小虾。

　　原来鲸鲨是滤食动物，深吸一口海水，闭紧嘴巴，口中的"滤板"便能将浮游生物过滤出去；同时，海水会从鳃处排出，食物不用通过牙齿咀嚼而直接流进肚子里。由于鲸鲨长期"滤食"，它的牙齿退化到仅剩 3 毫米长度。

与上帝"告别"

　　1831年，刚从英国剑桥大学毕业的达尔文有幸以博物学家的身份登上了"贝格尔号"英国皇家考察船，并随之开启了漫长的环球考察之旅。

　　在船上，利用闲暇时光，达尔文阅读了大量地质学著作，其中就有英国地质学家查尔斯·莱尔的《地质学原理》。莱尔在书中写道："地球存在的时间远比人们想象得古老，地质作用在循序渐进地改变着地球的面貌。"达尔文也因此陷入沉思："既然地球的面貌逐渐发生变化，那地球上的无数

生命是否也在发生着变化呢？"

在考察完南美洲后，达尔文乘坐的考察船驶向了位于太平洋中距离南美洲西海岸1000多英里的加拉帕戈斯群岛。正是凭借这个群岛上的所见所闻，达尔文打开了对生物起源的探索之门，也使他这个神学院学生从此挥手和上帝说再见。

"一面天堂，一面地狱"

距离南美洲西海岸不算太远的加拉帕戈斯群岛，还有个大气的名字叫"科隆岛"。登上过该群岛的人曾把它讲述得十分神秘，称它"一面天堂，一面地狱"。

达尔文初次对该群岛进行考察时发现，其中有的岛上的地面一片焦黑，几乎寸草不生；有的岛上树木枝繁叶茂，暗藏绿洲。更为奇特的是，该群岛上的生物种类十分丰富，但每座岛屿之间的生物类型存在很大差异。

"加拉帕戈斯"在西班牙语中有"龟"的意思，而这片群岛还真的与龟类有关系。

　　达尔文刚登上岛时，着实被上面的情景吓了一跳，首先落入他视野的是一只只在岛上"横行霸道"的巨大象龟。

　　对这片群岛上的多个岛屿考察后，达尔文发现各岛屿上虽然都有一定数量的象龟，但是它们不仅形态有别，连龟壳形状也有较大差异，毫不夸张地说，当地人仅凭借龟壳就能知道这只象龟来自哪个岛。

　　除了象龟，达尔文还发现了许多奇特物种，如长得像怪兽一样的海鬣蜥、穿着"蓝袜子"的蓝脚鲣（jiān）鸟，以及不会飞的鸬鹚（lú cí），最让他印象深刻的是分布在各岛屿上的地雀。

　　当达尔文将在群岛上采集的鸟类标本进行归类时，吃惊地发现竟然有十几种不同类型的地雀。它们的喙形状不一，大小不同，每种喙都对应着一种适合吃的食物，有的适合吃坚果，

有的适合吃昆虫……达尔文曾在日记本中写道："在一个岛上出现的种类，在另一个岛上出现却无法找到。"可见在同一个群岛上，各岛屿之间的生物类型差异极大！

似曾相识

达尔文回想起在加拉帕戈斯群岛上的所见所闻时，心中产生了一种熟悉之感。他觉得岛上不少生物和他在南美洲考察时看到的陆地生物很相似，如他发现的 26 种陆地鸟类，经鸟类学家鉴定，其中有 21 种属于不同物种。

况且大多数鸟类在习性、姿态和鸣叫时的音调上都与南美洲的鸟类物种有相似之处，这说明它们可能存在亲缘关系。除了鸟类，群岛上的许多动植物也是一样。

过去，人们都认为这个群岛上的生物都是上帝创造出来的，可上帝会在同一个群岛上的不同小岛上分别创造不同的鸟类吗？达尔文有一个更好的解释，那就是，加拉帕戈斯群岛上的不少生物最初都是从南美洲陆地上迁徙过来的。因为加拉帕戈斯群岛和南美洲大陆相隔不远，会飞的鸟类和昆虫，以及会游泳的海洋生物极有可能率先"移民"至此，占据各个岛屿。

移民

由于群岛上的环境具有多样性，生物必然要经历自然选择，因此它们的后代也就发生了各种各样的变异，从而产生了许多变种或新物种。

　　鸬鹚本来是会飞的，可来到岛上后，因为这里的食物充足又缺少天敌，翅膀逐渐退化，变得很弱小，慢慢就不会飞了；鬣蜥本来是生活在南美洲丛林中的一个物种，来到岛上后，因为缺少食物，不得不进入海中，以海藻为食，因此它进化成为一种可以在海中觅食的蜥蜴……但由于遗传的缘故，岛上的这些"后代子孙"身上依旧留有南美洲大陆"祖先"身上的一些印记。这也就说明了为什么海岛生物会和邻近大陆上的生物有亲缘关系，因为海岛上最初的生物就是从邻近大陆上迁徙过去的。

加拉帕戈斯群岛

亿万年前，由于板块碰撞，沉睡在海底的火山被唤醒，喷发出大量岩浆。岩浆冷却，熔岩不断堆积，渐渐从海底露出海面，就形成了如今的大型火山群岛。加拉帕戈斯群岛共包含 13 座主要岛屿和 100 多座小岛，全部由火山熔岩和火山锥组成。

由于群岛上具有火山地貌和多样的气候环境，拥有不同习性的动植物便能够在这里共生。由于罕见物种丰富，加拉帕戈斯群岛也被誉为"生物进化博物馆"。

"贝格尔号" 考察船的大致航行路线

"贝格尔号"也被称为"小猎犬号"，是一艘小型军舰。1831 年，贝格尔号进行第二次环球考察，此次启航时，船上却多了一个著名的家伙——达尔文。考察船从英国的普利茅斯出发，穿越大西洋，到达南美洲，并对南美洲东、西海岸进行考察，之后"贝格尔号"驶向了南美洲东北部的加拉帕戈斯群岛。

在加拉帕戈斯群岛考察了一个多月后，考察船驶向太平洋，最后到达了南半球的大洋洲。在澳大利亚的悉尼和霍巴特岛等地短暂停留后，考察船进入印度洋，途径非洲的好望角，最后于 1866 年沿着大西洋返回英国。

在长达五年的环球考察之旅中，达尔文边详细考察途经地区的地质和动、植物，边采集大量动、植物标本运回英国。这个过程让他增长了许多见识。他开始思考物种起源的问题，为他日后提出进化论理论和出版《物种起源》做了重要铺垫。

《物种起源》
出版以后

1854 年，达尔文将自己精心研究十多年的"成果"写成文稿，传递给自己的朋友——植物学家胡克审阅。

1856 年，达尔文将进化论理论和自然选择学说整理成厚厚的文字稿件，在经过三年的更正和修改之后，1859 年 11 月 24 日，《物种起源》第一版正式出版。

此书一出世人惊

1859 年 11 月 24 日注定是历史上不平凡的一天。在英国伦敦，无数市民涌向书店去抢购一本刚出版的新书《物种起源》。大众的购买欲望十分强烈，以至于首印的 1250 册图书在上市当天就销售一空！

《物种起源》的出版，在当时的欧洲甚至整个世界都引起了轰动。因

为它第一次把生物学建立在了完全科学的基础之上，用"生物会不断演化"的理论和"自然选择"学说推翻了人们一直以来相信的"特创论"和"物种不变论"。此举彻底否定了上帝的存在，也在动摇着当时教会用神权统治社会的根基。

　　一时间，宗教领袖和一众宗教徒纷纷将"枪口"对准达尔文，对他进行声讨，他们污蔑达尔文"亵渎神灵"，还给他扣上了"有失人类尊严"的"帽子"。普通大众对《物种起源》一时也难以接受，他们怎么都不敢想象自己的祖先是由猿猴进化而来的。

　　在达尔文遭受大众声讨的同时，也有不少权威学者加入了支持达尔文理论的阵营当中，其中包括《地质学原理》的作者英国地质学家查尔斯·莱尔、英国博物学家胡克、美国哈

佛大学植物学教授格雷，以及英国生物学家赫胥黎等人。这些人在公众面前或在背后给予了达尔文精神上和行动上的莫大支持，比如诚实的科学家格雷成为美国重要的进化论宣扬者之一；赫胥黎则在英国成为达尔文进化论的宣传主力，他还自称是"达尔文的斗犬"，积极地为达尔文的进化论做辩护。

孜孜不倦的自然之子

《物种起源》出版后，支持者与反对者几乎形成了两个"敌对"的阵营，并围绕着进化论合理与否展开激烈争辩。

达尔文听到赞扬声没有骄傲自满，面对质疑声也没有灰心落寞，因为他有更重要的"任务"需要完成，那就是不断完善《物种起源》并投入更多精力进行生物研究。

在接下来的十几年时间里，达尔文又陆续出版了《物种起源》第三、四、五和第六版。在后几个版次当中，达尔文对书中的内容不断进行补充与更正，力求让读者更加容易理解和接受书中的理论。

从 1859 年到 1882 年这短短的 23 年，达尔文除了不断完善《物种起源》外，还一直忍着病痛的折磨进行研究与写作，相继发表了十多本著作。

在写作方面如此高产的达尔文，从始至终的目的都不是获得金钱，因为他的家庭本就富裕，真正鞭策他走向成功的是一颗对自然充满敬畏和好奇的初心，这也使在生物研究领域获得了巨大成就。

除了在《物种起源》中提出的大量比较令人信服的证据外，达尔文在书籍出版后的一百多年时间里，支持达尔文进化论的证据也不断涌现，使达尔文的进化论理论逐渐被世人接

始祖鸟化石的发现、孟德尔的遗传定律和遗传因子学说、现代综合系统学、板块构造学说……

受。虽然从细节上来讲，《物种起源》中还存在些许缺陷，并非一部十分完美的著作，但是它确实称得上是一本划时代的科学著作，因为它不仅让进化论的理论融入自然学科的各个领域，也让科学战胜了神学，使人们的思想发生了巨大转变。

永远被铭记

1882年4月19日，影响世界的"巨人"达尔文因病在家中逝世，终年73岁。也许达尔文此前已经感觉到自己将不久于人世，便交代妻子在他死后，要将他埋葬在家族墓地中。

然而，在达尔文去世后，他的好友胡克、赫胥黎等人联合了多名议员集体向威斯敏斯特大主教请愿，请求将对人类社会做出卓越贡献的达尔文先生安葬在威斯敏斯特大教堂。英国皇家学会会长也给达尔文的家人写信，请求家属同意这一做法。

最终，众多英国社会有影响力的人物都来参加了达尔文的葬礼，并在威斯敏斯特教堂为达尔文举行了国葬，使这位拥有科学思想的巨人和英国历史上的杰出伟人如科学家牛顿、文学巨匠狄更斯等人一样，永远长眠于威斯敏斯特大教堂，被世人铭记。

CHARLES ROBERT DARWIN
BORN 12 FEBRUARY 1809
DIED 19 APRIL 1882

图书在版编目（CIP）数据

物种起源.达尔文的证据 / 张楠编著；梁红卫绘
. -- 北京：北京理工大学出版社，2024.1
（孩子们看得懂的科学经典）
ISBN 978-7-5763-2863-9

Ⅰ.①物… Ⅱ.①张… ②梁… Ⅲ.①物种起源—少
儿读物 Ⅳ.①Q111.2-49

中国国家版本馆CIP数据核字（2023）第171700号

责任编辑：封　雪　　　文案编辑：毛慧佳
责任校对：刘亚男　　　责任印制：施胜娟

出版发行 / 北京理工大学出版社有限责任公司
社　　址 / 北京市丰台区四合庄路6号
邮　　编 / 100070
电　　话 / （010）68944451（大众售后服务热线）
　　　　　（010）68912824（大众售后服务热线）
网　　址 / http://www.bitpress.com.cn

版 印 次 / 2024年1月第1版第1次印刷
印　　刷 / 三河市嘉科万达彩色印刷有限公司
开　　本 / 710 mm × 1000 mm　1/16
印　　张 / 8.5
字　　数 / 83千字
定　　价 / 118.00元（全3册）